低碳电力系统的创新技术
——加州及其他地区的机遇

Innovative Technologies for a Low Carbon Electricity System:
Opportunities for California and Beyond

[美] 斯蒂芬·梅耶斯（Stephen Meyers）
殷荣欣（Rongxin Yin）
[美] 克里斯蒂娜·滨地·拉科梅尔（Kristina Hamachi LaCommare）
[美] 珍妮弗·斯托克斯-德劳特（Jennifer Stokes-Draut）   著
[美] 辛西娅·雷尼尔（Cynthia Regnier）
[美] 普拉比·塔克雷（Purabi Thakre）

[加] 徐立辉
张铁峰   译

清华大学出版社
北京

版权所有，侵权必究。举报：010-62782989，beiqinquan@tup.tsinghua.edu.cn。

图书在版编目（CIP）数据

低碳电力系统的创新技术：加州及其他地区的机遇/（美）斯蒂芬·梅耶斯等著；（加）徐立辉，张铁峰译.—北京：清华大学出版社，2023.9
书名原文：Innovative Technologies for a Low Carbon Electricity System：Opportunities for California and Beyond
ISBN 978-7-302-64596-2

Ⅰ.①低… Ⅱ.①斯… ②徐… ③张… Ⅲ.①节能减排－应用－电力系统－研究 Ⅳ.①TM7

中国国家版本馆 CIP 数据核字(2023)第 180953 号

责任编辑：李双双
封面设计：刘艳芝
责任校对：赵丽敏
责任印制：宋　林

出版发行：清华大学出版社
　　　　　网　　　址：https://www.tup.com.cn，https://www.wqxuetang.com
　　　　　地　　　址：北京清华大学学研大厦 A 座　　　邮　　编：100084
　　　　　社　总　机：010-83470000　　　　　　　　　邮　　购：010-62786544
　　　　　投稿与读者服务：010-62776969，c-service@tup.tsinghua.edu.cn
　　　　　质量反馈：010-62772015，zhiliang@tup.tsinghua.edu.cn
印　装　者：三河市东方印刷有限公司
经　　　销：全国新华书店
开　　　本：170mm×240mm　　**印　张**：11.5　　**插　页**：4　　**字　　数**：205 千字
版　　　次：2023 年 11 月第 1 版　　　　　　　　　**印　　次**：2023 年 11 月第 1 次印刷
定　　　价：79.00 元

产品编号：102274-01

英文版前言

　　电力行业代表着加利福尼亚州(加州)脱碳道路的核心。可再生能源发电成本的降低,加上充足的太阳能、风能和其他可再生资源,为实现到 21 世纪中叶几乎无二氧化碳排放的发电模式提供了一条现实的途径。

　　可再生电力供应的扩大可使交通、建筑和可能的工业领域用电替代许多排放二氧化碳的技术。加利福尼亚州电力行业发展的关键要素是:通过提高效率控制电力需求,快速扩大可再生能源发电规模,开发储能接纳更多可再生能源发电,管理低碳电力系统的柔性电力负荷,因地制宜以电气化减少二氧化碳排放,并保持可靠和有弹性的电力供应。

　　本书概述了上述每个领域的大量创新技术,这些技术有助于加州实现其脱碳目标,同时降低成本,提高可靠性。本书提供的信息描绘了技术创新的图景,可帮助决策者、加州相关机构和相关方制定战略,以实现加州的目标,并有针对性地支持和培育技术创新。

美国劳伦斯伯克利国家实验室

能源技术办公室

2022 年 2 月

中文版前言

　　加州雄心勃勃的气候政策处于全美领先地位，最近的一项行政命令呼吁到 2045 年实现全州整个经济的碳中和。要实现这些目标，需要对当前二氧化碳（CO_2）排放轨迹进行大幅改变。可再生能源电力供应的扩大可以使交通、建筑和一些工业领域用电替代许多排放二氧化碳的技术。加州及其他地区的电力行业发展的关键要素是：通过提高效率控制电力需求，快速扩大可再生能源发电规模，开发储能接纳更多可再生能源发电，管理低碳电力系统的柔性电力负荷，因地制宜以电气化减少二氧化碳排放，并保持可靠和有弹性的电力供应。

　　本书围绕实现低碳电力系统，详细介绍了大量正在使用或开发的创新技术，这些技术有助于加州及其他地区实现碳排放目标，同时降低成本并提高可靠性，有助于实现联合国可持续发展目标。本书契合当下中国碳中和和碳达峰目标，可为政府及相关机构制定碳减排战略提供参考，以实现减碳目标，并针对性地支持和培育技术创新。

　　本书可为政府部门、能源电力企业、高校科研院所、咨询研究机构、金融投资机构，以及创新创业领域人员，提供战略参考和技术指导。

译　者

中文版序言一

　　当前，人类正面临着严峻的全球气候变化的挑战，世界各国都在积极探索，结合各自国情制定切实有效的行动方案和政策，从而实现整个经济社会的碳中和。电力系统在如何应对全球气候变化的问题上扮演着至关重要的角色。为此，迫切需要应用于电力系统相关的创新技术，使之向低碳发展道路迈进。这部译著全面介绍了美国加利福尼亚州应对全球气候变化的脱碳道路以及低碳电力系统的创新技术，并对这一关键议题进行了全面概括和深入探讨。

　　随着全球对可持续发展的共同呼吁，如何利用创新技术推动能源转型成为摆在我们面前的紧迫任务。美国加州及其他地区正在加快发展可再生能源电力供应，以实现碳中和目标。实现这一目标的关键要素则涵盖了多个方面，包括但不限于提高能源效率、扩大可再生能源发电规模、开发新型储能技术、管理灵活的电力负荷，并在电气化进程中寻求减少碳排放。

　　对于中国能源电力行业来说，我们有义务探索并推广那些有潜力实现碳中和目标的创新技术。正如这部译著所提及的，这些技术不仅有助于保护环境、降低碳排放，还能为经济社会的可持续发展提供关键支撑。我们应该为这项充满使命感和责任感的工作感到自豪。希望这些创新技术的应用能够积极促进全球能源转型。同时，也希望中国的能源电力从业者为全球低碳电力系统的发展贡献中国智慧和力量。

教授级高级工程师

中国能源研究会理事长

华北电力大学兼职教授

2023 年 11 月于北京

中文版序言二

随着全球气候变化问题的加剧，低碳经济已成为全球能源发展的必然趋势。我国作为全球最大的能源消费国，正在努力推进低碳能源发展，实现联合国可持续发展目标。2020年，我国政府提出2030年"碳达峰"、2060年"碳中和"目标，旨在推动低碳能源的发展，包括大力发展新能源、优化能源结构、提高能源利用效率等。

在我国的能源转型过程中，电力行业是其中最重要的领域之一。电力行业不仅是我国最大的能源消费领域，也是我国最大的二氧化碳排放来源之一。为了实现电力系统低碳发展，需要采用一系列的创新技术，这些技术包括太阳能、风能、生物质能、核能等清洁能源的开发和利用，以及人工智能、智能电网、新型储能等相关技术的创新应用。以此来提高电力生产的可再生能源比例，减少碳排放，并且提高电力系统的安全性、可靠性和可持续性。

这部报告是美国劳伦斯伯克利国家实验室多年来对低碳电力系统研究的部分成果，希望通过报告中文版的发布分享这些成果，为积极构建我国以新能源为主体的新型电力系统提供有价值的参考和借鉴。我们相信，通过不断深入的国际合作与共同努力，我们可以共同应对全球气候变化带来的挑战，携手推动全球低碳发展和绿色经济的实现。

清华大学教育研究院教授
联合国教科文组织国际工程教育中心副主任兼秘书长
清华大学电机系1977级
2023年10月于北京

中文版序言三

我们生活在一个严峻的时代,全球气候变化正威胁着人类的生存与发展。在过去的几十年中,中国在能源多元化,特别是新能源高效利用领域取得了巨大进步。然而,中国还面临着能源消耗不断增长、能源结构不合理、能源效率不高等问题,这些问题给社会环境和经济发展带来了严重影响。随着中国经济迈向高质量发展阶段,加快能源绿色低碳发展成为中国实现可持续发展的关键。

电力系统可以通过减少二氧化碳排放、促进清洁能源发展、提高能源使用效率等方式,为环境保护和经济发展做出贡献。在这样的背景下,低碳电力系统的技术创新对中国能源转型至关重要。作为世界上经济最发达的地区之一,美国加利福尼亚州在清洁能源技术研发和市场应用方面处于领先地位。在加利福尼亚州的影响下,全球各地正在积极开展清洁能源低碳技术创新,探索清洁能源可持续发展的新模式。

本书全面系统地介绍了如何使电力系统低碳运行的创新技术,以及加州的战略思考,这些技术为实现可持续发展目标提供了新思路和新途径。本书还探讨了这些技术在实际应用中可能面临的挑战和限制,并提出了相应的解决方案和建议。读者可以通过阅读此书深入了解低碳电力系统的创新技术,掌握全球最新的研究成果和发展趋势。希望此书的出版能为中国的能源转型提供一些有益的参考,同时也为全球的低碳经济发展做出贡献。

南方科技大学工学院院长、教授
中国工程院外籍院士
加拿大工程院院士、加拿大皇家科学院院士
2023 年 11 月于深圳

执 行 摘 要

加州雄心勃勃的气候政策处于全美领先地位,最近的一项行政命令呼吁到 2045 年实现该州整个经济的碳中和。要实现这些目标,需要对当前二氧化碳(CO_2)排放轨迹进行大幅改变。

电力行业是加州脱碳途径的核心。可再生能源发电成本的降低,加上充足的太阳能、风能和其他可再生资源,为在 21 世纪中叶实现几乎无二氧化碳排放的发电模式提供了一种现实的途径。可再生电力供应的扩大可使许多排放二氧化碳的技术在交通、建筑和工业领域被使用电能的技术取代。

加州电力行业的前进道路有几个关键要素。

通过更高的效率管理电力需求。能源效率对于确保电力需求的增长不会超过可再生电力供应的扩张至关重要。

快速扩大可再生能源发电规模。为了大幅减少电力供应中的二氧化碳排放量,并支持车辆和其他用途的电气化,需要大规模、快速地扩大可再生能源发电。开发"清洁可靠电源"(无碳电源,只要有需求就可以随时使用),也有助于提高可靠性并降低总体成本。

开发储能接纳可再生电力。由于主要可再生能源(太阳能和风能)的间歇性,不同持续时间的电力储存将有助于最大化利用可再生能源发电,并在没有足够的可再生能源时提供电力。

管理柔性电力负荷以支持电网。柔性电力负荷的管理可以更好地满足可再生电力或储存电力的需求。电动汽车电池可用作电力储存,以缓解现场峰值需求并提供电网服务。

因地制宜以电气化减少 CO_2 排放。加州的二氧化碳排放量很大一部分来自交通运输和工业,还有一部分来自建筑。对于建筑物和轻型车辆,甚至对于某些工业和重型车辆而言,电气化可能是减少碳排放量的最可行方式。

保持可靠和有弹性的电力供应。随着电力系统的不断发展,有必要制定战略,以确保电力在需要时可用,并确保系统能够抵御气候变化和外力带来的威胁并可以从中恢复。

目前所需的许多技术已经存在,但对现有技术进行更新和改进可以使加州更容易地实现脱碳目标,成本也可能更低。此外,技术创新可以成为经济增长的引擎,并提供就业机会。

本书概述了大量正在开发的创新技术,这些技术有助于加州实现其目标,同时降低成本并提高可靠性。其中,技术描述基于相关工作的文献综述和领域专家的意见。本书所提供的信息描绘了技术创新的图景,可帮助决策者、加州机构和相关方制定战略,以实现加州目标,并有针对性地支持和培育技术创新。

1. 高效使用电力

如果不能提高效率,那么,人口和经济增长,以及机动车辆和其他终端的电气化对电力的需求将大幅增长,并且很难通过增加足够的可再生能源和电力传输来抵消这一增长。

建筑物用电量占总用电量的 2/3 以上。提高建筑中不透明围护——有助于保持室内环境的舒适度且不受室外环境影响的屏障的能耗特性,对于减少供暖、制冷和通风的能源消耗非常重要。高性能绝缘材料、维护修复(改造)技术、可调维护材料及维护诊断技术和建模工具的创新技术正在开发中。

窗户与建筑气候控制和照明系统的性能与能源使用有着密切的关系。在改善窗户玻璃、气体填充、真空隔热、隔热框架和空气渗入/漏出方面存在机会。此外,对动态立面和玻璃、固定和可操作附件及日光重定向的改进可以显著提高窗户系统的性能,并降低建筑能耗。

随着气候变暖,空调对能源的需求将增加,随着建筑供暖方式逐渐电气化,热泵的使用将增加。使用具有极低全球变暖潜能值的制冷剂的节能设备正在测试中,但与当前制冷剂相比,其在全球变暖潜能、性能、效率、可燃性和成本之间需要取得权衡。非蒸气压缩系统有在不使用任何制冷剂的情况下为建筑物提供冷却作用的潜力。此外,蒸发冷却系统和蒸发预冷器都是商用的,研发部门仍在继续研究改进的设计方案。

基于发光二极管(LED)的固态照明技术即将成为所有照明应用中的主导技术。短短 10 年,LED 发光效率从低于 50 lm/W 增加到大约 165 lm/W,增加了 2 倍。随着绿色-琥珀色-红色光谱区域研究取得更大突破,结合彩色 LED 发出白光的直接发射架构有可能达到 325 lm/W 的最终理论极限。

此外,低成本传感器、无线通信、计算和数据存储领域的创新可以促进自动化和智能照明控制系统的发展。

电子设备和其他小型电器(有时称为"插头负载")用电占加州居民用电量的很大一部分,提高插头负载的能效具有挑战性。其中一些系列产品可以实现零或近零的待机功率,但需要对解决方案进行进一步的技术改进并降低成本才能将其用于新设备。另一种方法是利用直流(DC)输入。直流连接的负载可以以较低的成本直接连接到具有更高效率的直流配电设备。建筑物中直流系统的成功市场部署依赖可靠的、具有成本竞争力的终端用途电器和设备的可用性,这些电器和设备可以直接使用并启用直流电源。

建筑施工和改造领域正在研究创新的建筑技术,这些技术可以在最短的现场施工时间内快速部署,且价格合理,对市场有吸引力,并能够利用相关工作的开展提高建筑行业的生产力。

工业部门有超过 2/3 的电力用于电动机驱动系统。虽然电动机具有较高的效率,但终端使用的电动机驱动系统具有低得多的系统效率。变速或变频驱动器动态调整电机速度或频率,以满足功率要求,并可为适用系统节省大量电力。一项关键的技术开发重点是通过使用宽禁带半导体来扩展这些驱动器的潜在应用范围。

与硅基半导体相比,宽禁带半导体能够在更高的电压和功率密度下工作,从而可以用更少的芯片和更小的组件提供相同的功率。它们所具有的更大的热耐受性减少了对庞大的隔热和额外冷却设备的需求,从而实现了更紧凑的系统设计。使用宽禁带半导体的更高效、更紧凑的变频驱动器有望将现有的变频驱动器市场扩展到更广泛的电机系统尺寸和应用领域。

中压集成电机驱动系统正在开发中,该系统利用宽禁带设备的优势,配备节能、高速、直驱、兆瓦级电机。应用领域包括化学和石油精炼工业、天然气基础设施,以及制冷和废水泵等一般工业压缩机。

水利行业约有 75% 的电力用于抽水。用于抽水的电力可以通过最大限度地减少水需求及使用尺寸更大、可控性更好的泵和电机来管理。有两个领域表现出了特别的前景:自主控制系统和服务农村与落后地区的更有效的分散式水处理系统。

2. 可再生能源发电

到 2045 年,加州要实现可再生能源和零碳技术占零售额 100% 的目标,需要大量增加可再生能源发电量。乘用车电气化和建筑终端导致的电力需求的大幅增长增加了这一挑战。技术创新可以通过提高发电效率、降低发电成本和扩大可用于发电的可再生资源来提高资源利用率,从而发挥关键作用。

预计大部分新发电将来自太阳能光伏(PV),其成本已在过去 10 年中大幅下降。太阳能光伏创新已经提高了电池效率,减少了生产给定输出所需的模块数量。虽然现有光伏技术有望得到改善,但其他技术有可能进一步提高效率并降低成本。

多结太阳能电池(使用两个不同的电池时称为叠层电池)是独立单元电池的堆叠,每个单元选择性地将某一特定光带转换成电能,剩下的光被吸收并在位于下方的电池中转换成电。三结器件使用集中阳光的效率已达到45%以上。这种结构也可以应用于其他太阳能电池技术,目前研究人员正在研发由各种材料制成的多结电池。

钙钛矿太阳能电池能够非常有效地将紫外线和可见光转换为电能,这意味着它们可以与晶体硅等吸收材料成为优秀的叠层伙伴,从而有效地转换较低能量的光。使用钙钛矿的创新叠层架构有可能以合理的成本实现30%以上的效率,从而引起了研究人员的广泛兴趣。以提高电池或微型模块规模方面的钙钛矿效率和稳定性为目标的研发正在进行中,这些新研发的技术也有望应对在相关规模和吞吐量下制造钙钛矿模块的挑战。

集中式太阳能发电(CSP)系统在白天捕获能量,为热能存储介质充电,然后在日落后运行发电机,从而为电网贡献价值。然而,光伏+电池存储成本的降低使 CSP 的可行性受到质疑。为了显著降低成本,CSP 面临着一些技术挑战,包括提高 CSP 工厂的运行温度。研发部门正在探索收集器、接收器、热存储、传热流体和动力循环子系统中的新系统设计及创新概念。

风力发电方面,风力涡轮机本身和制造过程取得了技术进步,使得风力涡轮机更高效、成本更低,这些增强的技术通过促进在高风速下更大的能量捕获及在低风速下更经济的能量捕获,拓宽了可行的风电场范围。

海上风能在美国处于发展的早期阶段,其在加州有巨大的发展潜力,但目前的固定底部技术对于大多数可用资源来说是不可能的。浮式海上风力平台的设计基本上与石油和天然气平台相似,但技术人员仍在寻求技术进步以优化用于风力捕获的浮式海上平台。海上风力发电的模式将补充太阳能光伏发电。

增强型地热系统是人造地热储层,具有相当大的地热潜力。研发目标是实现非侵害、低成本的地球物理和遥感技术的突破。这需要在储层和地下工程方面取得重大进展,以实现效费比高的地热系统储层创建,并在创建后保持其生产力。

虽然用于发电的生物能源与其他可再生资源相比,技术潜力较小,但它具有独特的优势,可以通过使用能够投入化石燃料装置的产品来抵消化石燃料的使用。创新领域包括可以生产高质量的生物质衍生合成气的改进清洁方法,以及提高沼气产量的技术。

3. 电力储存

从太阳能光伏和风能等可变能源中储存大量电力的能力将是低碳或零碳电力系统的重要组成部分。如果储存时间能够达到 10 h,那么从太阳能和(或)风能中获取每年 50%～80% 的能源可能是可行的。然而,要实现 90% 以上的可再生能源渗透率,通常需要数百小时的储存时间。

锂离子电池预计将在短期和中期存储方面保持优于其他存储技术的成本优势。虽然下一代锂离子技术的大部分研发工作都集中在电动汽车的需求上,但也可以通过技术创新研发出适合电网存储的更强劲的电池。早期研究着眼于用更丰富的钠离子技术取代锂离子技术中的传统材料,同时保留锂离子制造工艺。

液流电池对于电网应用是有吸引力的,因为其功率和能量容量可以单独设计,并且它们具有长的运行寿命和深放电能力。下一代系统很可能由与现在使用的材料明显不同的材料组成。能够降低成本的途径包括使用固有成本较低的材料,以及能够显著提高能量和(或)功率密度的材料。

氢或其他化学物质的化学能量储存具有高能量密度和季节性储存的特点。氢气的生产、储存和利用需要通过技术改进和规模经济来降低成本,以支持市场采用。

电解槽可以利用多余的可再生电力将水分解成氢气和氧气。质子交换膜电解槽技术提供了比传统碱性电解槽更高的电流密度、更小的占地面积和更高的效率。质子交换膜电解槽目前可用于兆瓦级规模,但需要研究能够降低成本、提高效率和耐久性的方法。正在开发的领先的高温电解技术利用固体氧化物电解池,具有高效制氢的优势。延长寿命是当前该技术研究工作的关键目标。

利用改进的涡轮机或燃料电池技术可以实现水力发电。聚合物电解质膜燃料电池可以快速响应变化的负载,使其适用于分布式发电、备用或便携式电力应用,这些应用需要快速启动时间或必须对可变负载作出反应。固体氧化物燃料电池能够在高得多的温度下运行,更适合用于模块化和公用事业规模的固定电力系统。一种先进的方法是将电解和燃料电池功能结合为一个单元,称为可逆燃料电池,其可以降低成本,减少占地面积,简化系统。

机械储存系统包括抽蓄、压缩空气和重力储存系统。机械解决方案的优点是寿命长、持续时间长和技术风险低。抽水蓄能系统提供了公用事业资产规划人员寻求的持久、可靠、可预测的能量储存方式。新设计将降低资本投资要求,扩大选址可能性,缩短新设施的开发时间。类似地,压缩储能的新方法包括使用蓄热技术来捕获和再利用空气压缩过程中产生的热量,将液化空气储存在地面储罐及专门建造的洞穴中。此外,还有一种新的重力储存解决方案,其利用悬浮物质的重力势能,试图复制抽水蓄能的成本和可靠性优势,而不受选址限制。

高温储罐热能储存系统可以使用多余的电量将存储介质加热到高温,然后,所产生的热量可以用来发电。将能量储存为热能比将电储存在电池中要便宜得多,在非常高的温度下使用热能可以最大限度地提高发电效率。目前,正在开发的新技术是使用电力对存储介质进行电阻加热,从而实现更高的存储温度。相关研究者已经提出了不同的高温存储介质及创新的发电方法。

4. 低碳电力系统的柔性负荷管理

加州电力系统面临的一个主要挑战是可再生能源发电的每日和季节可用性与系统的预期峰值需求之间越来越不匹配。电动汽车(EV)充电和其他终端用户的电气化将加剧这一问题。

增加电网的储电容量是解决这些问题的一种方法。另一种方法是增加电力需求的灵活性,以便需求在高峰需求期间减少,或在实时响应电网需求时从高峰时段转移到非高峰时段。

在建筑物中,许多电负载都有可能是柔性的。通过先进的通信和控制,负载可以在特定的时间和水平上进行管理,同时仍能满足用户的生产需要、服务水平和舒适度要求。可调度的需求响应资源可以直接响应来自公用事业、电网运营商或第三方需求响应提供商的信号。

建筑物可以通过使用带有电致变色玻璃或自动遮阳板的窗户来调节太阳能热增益,从而有效减少供暖/制冷需求。动态窗户可以通过先进的控制算法与遮阳、灯光和 HVAC 系统集成,管理加热、冷却和照明能量。连接照明技术可用于调整照明水平和调节照明功率需求,对用户视觉舒适度的影响最小。下一代照明创新包括照明、采光和 HVAC 系统之间的互操作通信。

基于围护结构的储能系统根据环境温度进行充电和放电,并可将加热或冷却负荷转移到非高峰时段。相关创新包括暖通空调系统和相变材料储存。电网交互式热水器可以提供实时监控、负荷预测和基于算法的控制功能,以最大化电网服务的可用容量。在整个建筑层面,电网参与的先进传感器、控制和通信的创新将增强建筑满足建筑居住者和电网需求的能力。

加工负载的操作需求对工业和农业至关重要,但仍然有可能在不影响生产的情况下转移电力负载。其中包括将相变材料创新应用于冷藏仓库和智能灌溉系统,这可以降低运营成本并实现需求灵活性。

通过适当的管理,电动汽车可以作为一种灵活的负载,在可再生能源发电量充足的情况下储存电力,并在高峰时段限制充电。为了满足这一资源的潜力,需要改进电动汽车充电基础设施和电网之间的通信互操作性,以在满足充电需求的同时提供最大的需求灵活性。具有双向操作的电动汽车可在停电期间用作关键负荷的电力存储设备或提供有价值的电网服务。为了实现对大量电动汽车的最佳充电控制,可以使用一个分层控制框架来通过聚合器管理电动汽车,同时满足电网需求和客户需求。技术创新的其他领域包括无线电动汽车充电、电动汽车和充电站之间的连接移动性,以及电动汽车和分布式可再生资源的集成。

5. 电气化减少二氧化碳排放

除了在交通运输中的关键作用外,电气化也是减少工业和建筑部门二氧化碳排放量的一种手段。

在工业领域,前景广阔的交叉电气化机会包括中低温工艺加热、机器驱动和间歇性燃料切换(如混合锅炉)。专业材料生产、加热/干燥、表面固化和熔化工艺也存在电气化机会。

在工艺加热领域,低温范围(小于150℃)为电气化提供了良好的机会。这一范围几乎涵盖食品工业使用的所有工艺热能,占化学工业使用的总工艺热能的一半以上。尽管电力成本可能是采用电子技术的障碍,但对于通过红外、微波和射频技术进行固化和干燥,以及通过感应系统进行加热和熔化等应用,这时的电力成本将比基于燃料的过程加热更加具有优势。工业热泵因具有高效率而备受关注。散热器温度高达160℃的热泵有望在不久的将来具备市场成熟度,在某些应用中实现更高温度可能也是可行的。

钢铁、炼油、化工和水泥等能源密集型行业通常需要高温环境,而且更难电气化。除钢铁生产外,这些行业对加州都很重要。对于氨和乙烯等商品和化学品的生产,有许多电驱动化学反应可选,电化学方法比传统热化学方法具有一些优势。新型催化剂的开发对化学工业的电气化至关重要。水泥生产中涉及电力的脱碳策略也正在开发中。

在建筑领域,如果新型热泵能提高供暖侧效率或降低总成本,则有助于促进空间供暖的电气化。建筑行业电气化面临的技术和经济障碍远小于工业领域,但家庭电气化可能会给电网带来一些问题。在下午 5:00—9:00 这段时间,当可再生电力供应不足时,电供暖、水加热和烹饪都会增加系统的峰值需求。负荷转移和扩大电力储存的策略将是电气化的重要伙伴。

6. 保持可靠和有弹性的电力供应

随着电力系统的发展,其涵盖了更多的可变和分散的可再生能源,保持可靠性和增强弹性将需要新的手段。机器学习和人工智能是公用事业部门尚未广泛采用的一个有前途的技术领域。该领域应用的增加有助于优化发电,改进需求响应计划、能源资产的运营和维护,更好地了解能源使用模式,并提高电力系统的稳定性和效率。使用虚拟现实技术对服务领域景观进行数字增强可以提高态势感知,并更有效地评估和诊断系统中的问题。此外,深度学习的使用可以通过过滤不良输入数据来帮助处理智能计量中的大数据,从而改进预测规划模型。

其他有前景的领域包括先进的能源管理系统、自主电网和先进的电能质量监测技术,这些技术将有助于确保未来电网的安全性。

7. 技术创新的交叉领域

许多技术创新领域可能会给能源经济的多个部门带来益处。它们包括先进制造技术、能够提高性能并降低能源生产和能源使用成本的先进材料、能够减少能源使用的新型制造技术、可以大幅减少与材料生产相关的能源和碳排放的各种材料的循环利用技术,以及将在多个领域产生影响并不断进步的计算技术。

目　　录

第1章 绪 论

　　加州在制定雄心勃勃的气候政策方面领先于全美国,最近的一项行政命令(B-55-18)呼吁到 2045 年实现该州经济范围内的碳中和。该命令建立在 2030 年温室气体(GHG)排放量低于 1990 年水平 40％的目标(SB32)和行政命令 S-3-05 指令的基础上,即到 2050 年将温室气体排放降到低于 1990 年水平 80％。图 1.1 显示了实现这些目标所需的排放轨迹的巨大变化。考虑到从现在到 21 世纪中叶,加州的人口和经济预计将大幅增长,这一挑战更加艰巨。

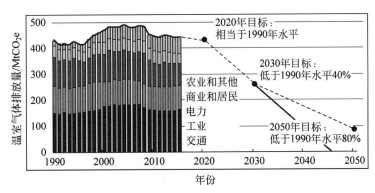

图 1.1　加州 GHG 排放量和排放目标(见文后彩图)

资料来源:Wei et al.(2020 年)

　　要实现加州的气候目标,需要逐步淘汰燃烧使用的化石燃料或进行脱碳。为加州能源委员会(CEC)[①]和空气资源委员会准备的情景研究描述了

　　[①]　Mahone,Amber,Zachary Subin,et al. 2018. Deep Decarbonization in a High Renewables Future:Updated Results from the California PATHWAYS Model. California Energy Commission. Publication Number:CEC-500-2018-012.

实现加州温室气体减排目标的潜在途径及要素。[①]电力部门是这些途径的核心。可再生能源发电成本的降低,加上充足的太阳能、风能和其他可再生资源,为在 21 世纪中叶实现几乎不排放二氧化碳(CO_2)的发电模式提供了现实的途径。如果以合理的成本扩大可再生电力供应,将允许在交通、建筑和可能的工业领域用使用电能的技术替代许多排放温室气体的技术。

加州电力行业的前进道路有几个关键要素。

通过提高效率抑制电力需求。能源效率对于确保人口增长和经济增长,以及电气化带来的电力需求增长不会超过可再生电力供应的增长至关重要。

迅速扩大可再生能源发电规模。为了大幅减少电力供应中的温室气体排放,并支持车辆电气化和其他用途,需要大规模、快速扩大可再生能源发电。开发"清洁可靠电源"(无碳电源,有需求就可以随时使用)也有助于提高可靠性并降低总体成本。

发展电力储存以补充可再生电力。由于主要的可再生能源(太阳能和风能)具有间歇性生产的特点,因此不同持续时间的电力储存对于最大限度地利用可再生电力并在可再生发电不可用时提供电力至关重要。

管理低碳电力系统的柔性电力负荷。柔性电力负荷的管理有助于更好地满足可再生电力的需求,电动汽车可用于储存现场使用的电力,提供有价值的电网服务,或在停电期间为应急负荷供电。

因地制宜电气化以减少 CO_2 排放。加州的二氧化碳排放量很大一部分来自交通和工业,较少来自建筑。对于建筑物和轻型车辆,甚至对于某些工业和重型车辆而言,电气化可能是减少大部分碳排放量的最可行方法。

保持可靠和有弹性的电力供应。随着电力系统的发展,有必要制定战略,以确保电力在需要时可用,并确保系统能够抵御与气候变化和外力相关的威胁。

此外,脱碳必须以公平的方式进行,以确保资源不足的社区也能受益。支持上述目标的许多技术已经可用,但需要努力提高其市场渗透率。然而,在大多数领域,新技术或现有技术的改进和成本降低可能会使加州更容易实现其温室气体减排目标,成本也可能更低。此外,技术创新可以成为经济增长和就业机会增加的引擎。

---

① Mahone, Amber, Zachary Subin, et al. 2020. Achieving Carbon Neutrality in California: PATHWAYS Scenarios Developed for the California Air Resources Board. Energy and Environmental Economics. https://ww2.arb.ca.gov/sites/default/files/2020-10/e3_cn_final_report_oct2020_0.pdf.

1.1　本书目标

本书概述了大量正在开发的技术,这些技术有可能帮助加州实现排放目标,同时降低成本,提高可靠性。本书围绕上述关键要素进行组织。技术描述基于相关工作的文献综述和领域专家的意见。如有可能,本书将提供潜在成本和性能目标的估计,以及当前美国能源部赞助的项目研发信息。

本书力图描述所涉及技术的技术成熟度。由于本书的一个目标是对参与支持技术创新的利益相关者产生影响,因此本书更关注中等成熟度范围的技术。因为发布信息的不确定性,或者只能在专业文献中找到,因此更具投机性的非常早期的技术很难被识别,而后期的技术有可能已经得到了公共或私人投资者的支持。

本书并未试图对技术进行优先排序,因为这项工作需要深入了解具体技术及其发展前景,以及对其在加州电力系统中的潜在应用进行细致了解,并需要具有相关专业知识的参与者参与。尽管如此,本书在每章的结尾都提出了战略考虑,以阐明哪些技术对于实现加州的排放目标更为重要。

1.2　电力行业创新技术的好处

1.2.1　减少二氧化碳和其他空气污染物的排放

本书中讨论的所有技术都可能在发电、建筑、工业、交通等领域取代化石燃料的燃烧以减少二氧化碳排放,[①]减少的幅度取决于诸多因素。

对于提高电力效率或实现负荷管理的技术来说,减少需求的时机非常重要。目前,发电产生的二氧化碳强度在全天各时段及不同季节均有所不同。在过去,最重要的是减少高峰电力需求,而高峰电力需求通常产生于全年的下午和夏季。随着二氧化碳减排成为降低或改变电力需求的主要激励因素,当二氧化碳浓度最高(当燃气发电厂负荷较大)时,这种减排也变得最为重要。随着太阳能发电成为最大的电力供应来源,发电产生的二氧化碳浓度将在下午达到最低点,而在冬季太阳能产出较低时,二氧化碳浓度可能相对较高。这些变化意味着效率的提高对某些终端用途的影响将大于对其

---

① 虽然本书的重点是电力,但是在许多仍然使用天然气的应用中,许多提高效率的技术可以直接减少天然气的使用。

他用途的影响。若想做出准确的评估,需要了解未来特定电力负荷和发电量的昼夜和季节模式。

就电气化技术而言,用电替代天然气或汽车燃料将减少与燃料燃烧相关的二氧化碳排放。在某些情况下,如电动热泵或电动汽车,电气化带来的能源效率远高于化石燃料的使用。然而,电气化对排放的净影响取决于需求增加和各种发电来源的昼夜和季节模式。如果管理不善,电气化可能不会对排放产生完全如预期的影响。

对于可再生能源发电,天然气燃烧的替代作用取决于白天和季节的发电模式,以及系统中天然气厂的类型及其使用方式。在可再生能源发电不足以满足需求的时期,电力储存对于避免使用天然气发电厂或过度建设可再生能源发电厂至关重要。①

由于加州的电力系统正在快速变化,基于当前系统的需求侧和供应侧技术对二氧化碳减排的精确估计不太可能是长期结果的良好预测。做出更可靠的估计需要对电力系统进行随时间的详细建模。

排放出的二氧化碳并不是唯一相关的空气污染物。虽然燃气发电厂产生的硫、汞和颗粒物数量微不足道,但燃烧天然气确实会产生烟雾的前体。这些排放物会不成比例地影响落后地区,减少这些排放物可以给公共健康带来好处。此外,从井中钻探和提取天然气及通过管道输送天然气可能会导致甲烷泄漏,而甲烷是天然气的主要成分,在 100 年的时间内,甲烷的吸热能力是二氧化碳的 34 倍,在 20 年的时间里是二氧化碳的 86 倍;取代汽油车和柴油车的电动汽车还可以减少导致烟雾生成的尾气排放,以及与石油生产和精炼相关的排放。

1.2.2   降低电力部门成本

电力行业技术创新的一个重要目标是降低发电、储能、使用或管理电力的技术成本,或以可比的成本提高性能。当然,本书中讨论的所有技术并不都能成功地实现成本目标,但许多不同类型创新技术的存在总体上预示着积极的结果。

在市场上取得成功的高效技术,其节约电力的成本通常小于电力供应的边际成本。这在 CEC 的电力项目投资收费(Electric Program Investment Charge,EPIC)计划的补充指导原则之一中有所反映,即支持加州的负荷订

---

①   其他可能的选择包括在燃气发电厂中使用绿色氢气或其他可再生燃料,或使用天然气进行碳捕获和储存。

单,首先以能源效率和需求响应满足能源需求。换言之,成功的高效技术是以较低的资源成本,为消费者和企业提供其想要的服务。

高效降低系统成本的主要途径是避免或推迟电力供应商采购额外电力的需求。传统能源和新能源(如电动汽车)的电力需求增长与建筑电气化的结合,将需要大量扩大电力供应。虽然可再生能源发电技术的创新很可能会降低未来新能源供应的成本,但程度尚不确定。此外,在远离需求中心的地区扩大电力供应可能需要对新的输电基础设施进行大量投资。终端使用效率的提高将有助于减少对此类投资的需求。

同样,提高效率也可以减少对配电基础设施的投资。考虑到可能增长的电动汽车和建筑电气化需求,这一影响尤其重要。事实上,电气化需求的增长如果不能与能源效率需求的减少相平衡,就有可能增加电力部门资源采购和配电基础设施投资的成本。而工业电气化尤其需要配电系统的升级。

在供应方面,本书所描述的大多数可再生电力技术,相对于没有技术创新的未来,都有可能降低系统成本。然而,当可再生能源发电占比开始超过70%～80%时,长时储能和可再生能源电力调度,对于防止系统成本大幅上升将至关重要。技术创新是这些领域的关键。

1.2.3 其他好处

本书描述的许多技术可以帮助提高电力系统的可靠性,而电力系统严重依赖无法轻易调度的可变发电量。终端能源使用效率的提高可以减少所需的发电量,因此有助于以提高资源充足率的形式解决可靠性问题。负荷管理技术可以增强电网运营商平衡电力需求和可用供应的能力,也有助于提高可靠性。储能及可调度的可再生能源电力技术对于维持低二氧化碳排放的电力系统可靠性至关重要。

许多技术可以促进加州的经济发展。可能创造就业机会的例子包括太阳能和风能设施的建设与维护、建筑能效措施的实施,以及一些用于制造领域的技术。

对于能源效率,非能源效益包括运营和维护成本的降低、舒适度的提高,以及工人和学生生产力的提高。取代燃气器具的电气化可以提高安全性,创新的建筑通风技术也可以改善室内空气质量。

1.3 评估技术成熟度

表征技术成熟度的一种方法来自美国政府制定的一个量表,该量表描述了9个级别的技术成熟水平,称为"技术成熟度"(technology readiness levels，TRL）。表 1-1 给出了对这 9 个级别的简要描述。美国能源部（U. S. Department of Energy，U. S. DOE）技术成熟评估指南中对此给出了更长的描述。[①]

指定一个技术成熟度水平并不是一门精确的科学。如何狭义地定义"技术"是一个因素，广泛定义的"技术"由处于不同成熟度的组件技术组成。技术在某些应用或规模中可能具有较高的"技术成熟水平"，而在更广泛的应用范围中"技术成熟度水平"可能较低。一项技术可能相对成熟，但那些降低其成本或以其他方式改变其可行性的改进的成熟度可能会较低。此外，"技术成熟水平"的量度并不能完全解决与大规模技术制造相关的问题。

技术成熟度在文献中不常被提及。为了补充已发布的信息，我们请特定领域的专家尽可能地指定"技术成熟水平"，如表 1-1 所示。

表 1-1　技术成熟水平

技术成熟度	标题	描　述
TRL 1	基础研究	已经进行了初步的科学研究。原则是定性地假设和观察。重点是新发现，而不是应用
TRL 2	应用研究	确定了初步的实际应用。解决问题、满足需求或找到应用的材料或工艺的潜力
TRL 3	建立关键功能或概念证明	由应用研究进展和早期开发开始。研究和实验室测量验证了该技术各个要素的分析预测
TRL 4	原型组件/工艺的实验室测试/验证	组件/工艺的设计、开发和实验室测试。结果证明，基于预测或建模的系统，可以实现性能目标
TRL 5	集成/半集成系统的实验室测试	在相关环境中实现系统组件和（或）过程验证
TRL 6	原型系统已验证	操作环境中的系统/过程原型演示（beta 原型系统级）
TRL 7	综合试验系统演示	操作环境中的系统/过程原型演示
TRL 8	商业设计中的系统	实际系统/过程已完成，并通过测试和商用前演示
TRL 9	系统经过验证，可用于商业部署	实际系统已在操作环境中成功运行，并已准备好进行全面商业部署

---

① 美国能源部，*Technology Readiness Assessment Cuide*，见表 1。

第 2 章　高效使用电力

随着可再生能源在加州电力供应中所占份额的增加,发电的二氧化碳强度(每千瓦·时产生的二氧化碳排放量)将下降,提高电力使用效率减少的二氧化碳排放量也将降低。尽管如此,提高效率仍然是二氧化碳减排战略中的一个重要因素,因为这能使近零或零二氧化碳电力供应的目标更容易实现。[①] 如果没有更高的电力使用效率,由于人口和经济增长,以及机动车辆和其他终端用途的电气化,电力需求将大幅增长。在这种情况下,要增加可再生能源和必要的电力传输基础设施,从而在 21 世纪中叶实现零或接近零二氧化碳的电力供应,将变得非常困难。

幸运的是,加州在提高电力效率方面有着良好的记录,并且有一个由州机构、电力公用事业公司和私营部门参与者组成的健全框架来持续对此进行改进。2015 年,加州制定了一个雄心勃勃的目标,即与 2015 年相比,到 2030 年 1 月 1 日,在全加州范围内实现能源效率节约和电力、天然气终端使用需求减少的累计翻倍。美国参议院法案 350 规定了这一目标,并指示加州能源委员会(California Energy Commission,CEC)制定年度目标以促进此项任务的完成。在 2019 年加州能源效率行动计划中,加州能源委员会指出,作为这项工作的一部分,加州将需要利用新兴技术,开发渐进的项目设计,并促进开发创新的市场解决方案。[②]

图 2.1 显示了加州的电力使用情况,其中建筑用电占总用电量的 2/3 以上,其次是工业用电。如果供暖和供热的电气化成功,建筑用电的份额将会增加。因此,建筑将成为节约电力的主要来源。

---

① 影响最终使用效率的技术是本章的重点。提高输配电效率的技术也很重要。

② 加州能源委员会,2019. 2019 年加州能源效率行动计划[R].加利福尼亚州:加州能源委员会.

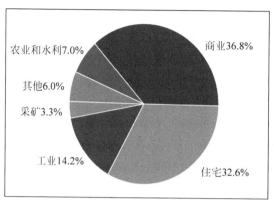

图 2.1　2019 年加州电力消费(按行业,见文后彩图)

资料来源:加州能源委员会

2.1　建筑物

住宅和商业建筑用电量分别占加州 2019 年用电量的 32.6％和 36.8％,建筑终端用户用电量也占工业用电量的一部分。

图 2.2 显示了对住宅和商业部门用电情况的估算。[①] 目前,空间供暖和水供暖在加州建筑用电中所占比例很小,但如果电气化努力得以成功实现,这个比例将大幅增加。空调所占的份额更高,为商业 23％和住宅 8％。随着气候变暖,现有设备对空调的需求将增加,同时会促使更多加州人安装空调系统,最终这一比例会更高。[②]

建筑物中的大部分电力需求来自电器和设备,这些电器和设备在使用寿命结束时(或更早)可以用更高效的设备代替。有时,更换灯泡就像拧入新灯泡一样简单,而在其他情况下,更换灯泡更具破坏性和复杂性。以显著的方式修改建筑围护结构(不透明元素和窗户)通常成本高昂,一般只有在建筑翻新时才进行。这使得在不透明的建筑围护结构及较小程度上在窗户上应用能够提高效率的技术变得更加困难。新建筑为节能设计和使用高效组件提供了最容易的机会,且加州有增加零净能源新建筑份额的势头。[③]

---

① 估算值来自 CEC 报告 *Deep Decarbonization in a High Renewables Future*(《高可再生能源未来的深度脱碳》,2018 年 6 月)编制的 PATHWAYS 模型电子表格。

② https://www. energy. ca. gov/sites/default/files/2019-11/Statewide _ Reports-SUM-CCCA4-2018-013_Statewide_Summary_Report_ADA. pdf.

③ 零净能源建筑消耗的能源仅与可再生资源现场生产的能源相同。

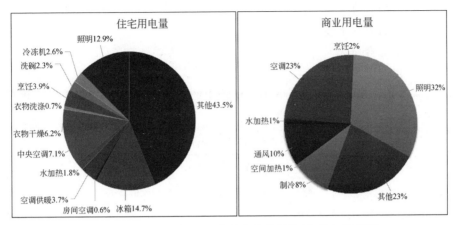

图 2.2　加州建筑用电量的估计终端使用份额（见文后彩图）

值得注意的是,许多建筑效率技术可以提高建筑物对公用设施服务中断的抵御能力。高性能建筑围护结构通常可以减少加热能量和冷却能量的使用,从而增加从中断发生到建筑因温度条件而变得不舒适的时间。

2.1.1　不透明建筑围护结构

建筑围护结构的隔热性能和建筑质量共同控制着热量、空气和水分流入或流出建筑的方式。改进建筑中不透明外壳的能量性能——有助于保持室内环境的舒适度而不受室外环境影响的屏障,对于减少供暖、制冷和通风的能源消耗非常重要。

新建筑提供了一个融入新技术的机会,特别是当设计师从建筑设计、施工和运营的整体角度出发时。这种方法会促使新的外壳结构被开发出来,从而将空气、水分和热量的多个控制层及结构功能集成到更少的层和组件中。

对于现有建筑,采用高效的围护结构改造技术的一个主要障碍是目前可用的围护结构改造产品和工艺可能会对已占用建筑造成破坏。此外,与定期更换的其他建筑设备不同,建筑围护结构的更换频率要低得多。更常见的变化,如重修屋顶或墙板,很少能改善能源性能。为了利用不透明围护结构改造的巨大节能潜力,同时提高耐久性和居住者的健康与舒适度,建筑业主需要用价格合理、破坏性较小的替代方案来改善建筑围护结构的性能。

对于新建和现有建筑物,需要进行如下技术改进:
- 减少空气泄漏;
- 改善水分管理;

- 增加 R 值;
- 提高可施工性;
- 增加寿命;
- 提高可承受性。

美国能源部已经确定了解决上述需求的技术重点领域。[①]表 2-1 列出了每个主题领域的具体技术创新。

表 2-1　不透明建筑围护结构的技术创新

技　术	创 新 说 明	技术成熟度
用于墙体/天花板的超高 R 值隔热材料 • 气凝胶 • 真空隔热板 • 纳米隔热材料	耐用的材料和封装方法,确保使用寿命长,R 值稳定	TRL 5～TRL 7
	便于安装的材料和制造方法	TRL 2
	允许现场修改交付产品尺寸的材料,同时保持 R 值和耐久性	TRL 2～TRL 4
	在宏观尺度上达到预期 R 值的材料配方	TRL 4～TRL 7
	在低热导率下提供精确测量的新计量方式	TRL 5
围护修复(改装)技术	减小劳动强度和复杂性的新型包覆材料和方法	TRL 3～TRL 6
	材料和安装方法可在气候适宜的飞机上实现空气密封,而无须进行大量拆卸	TRL 3～TRL 6
	自主自修复空气屏障膜	TRL 2～TRL 3
	一步喷涂或液体涂敷空气和蒸汽控制材料	TRL 6～TRL 9
可调交通材料	评估循环耐久性,在数千次循环中开发性能退化最小的材料	TRL 2～TRL 3
	为各向异性系统建立可行的散热器和热源(可在不同方向改变或呈现不同的特性),并演示其运行情况	TRL 4～TRL 5
围护诊断技术	适用于全年建筑物测试条件的新型诊断计量	TRL 2～TRL 4
	虚拟传感以评估围护性能	TRL 3
	围护湿度性能的诊断计量	TRL 2～TRL 4

资料来源:美国能源部(2020 年 5 月)。橡树岭国家实验室的主题专家估计的技术成熟度。

隔热材料中的超高 R 值:每英寸厚度具有高 R 值的材料可以在新建筑中达到更高的隔热水平,并降低现有建筑改造的成本和复杂性。例如,气凝胶和真空隔热板,其外壳中的气体被排出,这极大地减少了热传递。表 2-2 展示了美国能源部墙体保温目标。

---

① 美国能源部,2020 年 5 月,不透明建筑围护结构研发机会报告草稿(*DRAFT Research and Development Opportunities Report for Opaque Building Envelopes*)。https://www.energy.gov/eere/buildings/downloads/research-and-development-opportunities-report-opaque-building-envelopes.

表 2-2　美国能源部墙体保温目标

	目　前	2040 年目标
绝缘等级	＜18 R/in	20 R/in
费用	14～17 美元/ft^2	0.64～1.91 美元/ft^2

注：1 in=25.4 mm；1 ft=0.3048 m。

围护结构修复（改造）技术：一旦建筑围护结构搭建完成，如果不对其进行实质性拆除和重建，就很难再提高其性能。因此需要新的修复（翻新）技术和手段来解决这一挑战。

可调交通运输材料：可调交通运输材料具有新的围护功能，可根据电网需求和内部及外部条件调整围护特性，以最大限度地减少能源使用，同时最大限度地提高居住者利益。这些材料具有显著节能的潜力，以及与电网相关的益处，如负荷转移或调峰、改善热舒适性和提高耐久性。

围护诊断技术和建模工具：能够表征现有不透明围护的关键能源性能相关特性的技术，可以通过量化改造的效益和验证改造后的性能来促进改造的采用。

2.1.2　窗户和外立面[①]

窗户及建筑气候控制与照明系统的性能和能源使用有着密切的关系。理想的窗户可以提供无眩光的优异照明水平和高标准的隔热效果，当光线对加热有用时，窗户将允许红外光进入，但当光线会增加冷负荷时，窗户则可以阻挡红外光进入。

在过去的 30 年中，窗户技术取得了重大进展。其间涌现了一批创新技术，包括减少红外光吸收和再发射的玻璃涂层、改善导热性、可控以减少光和太阳能传输的电致变色窗口，以及使用低铁玻璃来提高可见光清晰度。现代窗户不仅可以提供更好的热性能，如能够减少空气泄漏，还能够增强相关设施的便利性，如日光、室外视野和自然通风。在许多较新的商业建筑中，窗户是垂直建筑围护结构的主要组成部分。

优化窗户的能源性能需要考虑热传导、对流和辐射，同时确保满足美学考虑。在窗户玻璃、气体填充、真空隔热、隔热框架和空气渗透/过滤方面也存在着很多改进机会。此外，对动态立面和玻璃、固定和可操作附件及日光重定向的改进，可以显著提高窗户系统的性能及其减少建筑能耗的能力。

---

① 美国能源部，2020 年 5 月，Windows 研发机会报告草稿。https://www.energy.gov/eere/buildings/downloads/research-and-development-opportunities-report-windows.

下一代窗户将可能具有与大多数现有建筑隔热墙相媲美的热性能,同时也可以在冬季获得被动加热贡献,并在夏季拒绝不必要的太阳能热量增加。

新材料、新技术方法及应用工程是解决生产高效、可负担得起的窗户的诸多性能和成本挑战的关键,并且这些窗户也能够获得主流市场的认可。与当前技术相比,这些技术通常有望提供显著的节能效果,它们同时还具有其他能源和非能源效益,不仅可以减少峰值负荷,转换与窗户相关的热负荷以匹配分布式可再生能源发电的可用性,还能够减少眩光,提高热舒适度,提高居住者满意度和生产力。

在总安装价格、能源性能和可能影响技术采用的非能源特性方面,存在一系列改进当前最先进技术的机会。这些机会包括:

- 减少通过窗框的渗透;
- 降低窗框和隔热玻璃单元的导热性;
- 能够改进动态立面组件与系统的传感器及控制系统的设计、配置、安装、调试和操作;
- 开发用于动态和自动化立面元素的自供电系统;
- 开发动态玻璃,通过改进材料及这些材料与大批量生产方法的兼容性,以更低的价格独立控制可见光和近红外透射。

对框架、高级玻璃组件和子部件的改进对于实现高水平的窗户性能至关重要。这其中包括采用先进的玻璃(如薄的三层或真空隔热玻璃)、性能更高的惰性气体填充物(如氪),或用透明的低导电性固体材料替换气体填充物,以及开发高度绝缘的窗间隔物和框架。

高性能窗户的关键特性是:

- 绝热玻璃单元(IGU)的厚度应与双层 IGU 相当,以便在为双层 IGU 制造的现有框架中使用;
- IGU 的质量应与双层 IGU 相似;
- 耐久性应等于或优于现有窗户;
- 新型 IGU 和框架组件应具有与当前典型制造方法兼容的途径;

表 2-3 总结了高性能窗户的技术创新,表 2-4 总结了美国能源部对于整窗性能和价格的目标。

由于更换成本及双层玻璃与单层玻璃的尺寸和质量不兼容,因此加州和其他地方现有家庭与企业中常见的低效单层玻璃升级缓慢。高级研究计划署能源部(Advanced Research Projects Agency-Energy,ARPA-E)有一个项目(Single-pane Highly Insulating Efficient Lucid Design,SHIELD,单层高绝热高效透明设计),旨在开发创新材料,以提高商业和住宅建筑中现有单层窗户的能效。[①]该计划侧重 3 个技术类别：可应用于现有窗格的产品；制造的窗格玻璃，可安装在现有窗框中，并将窗格玻璃固定到位；以及其他早期、高度创新的技术，这些技术可以使开发前两个技术类别的产品成为可能。

表 2-3　高性能窗户的技术创新

技　　术	描　　　　　述	技术成熟度
高性能玻璃	方法侧重最小化窗格之间的热传递，特别是通过去除窗格之间的空气或用另一种材料替换窗格之间的气体来控制对流	
多窗格薄玻璃装配系统	使用廉价的薄玻璃(1.1 mm 或更小)作为内窗格玻璃和填充氩气的单间隔系统	TRL 5
气凝胶	用固体材料替换 IGU 中窗格之间的空气或填充气体	TRL 3
真空隔热玻璃	通过消除 IGU 中两块玻璃之间的空间中的空气(以及填充气体的需要)来减少热传递。与标准三层绝热 IGU 相比，具有低 E 膜的真空 IGU 更薄、更轻，具有更好的隔热性能和更低的反射率	TRL 4 [*]
高绝热窗框	改善热性能的修改通常涉及在框架的外部和内部之间插入具有非常低热导率的材料以抑制热传递。可能还有进一步的机会，通过开发新材料来提高框架的热性能	TRL 3

　　* 这项技术已经上市，但以具有竞争力的成本制造产品存在挑战。该领域的研发主要集中于制造方法。

　　资料来源：美国能源部(2020 年 5 月)。LBNL 主题专家估计的技术成熟度。

表 2-4　美国能源部对于整窗性能和价格的目标

类别	性　　能	窗户面积安装价格溢价/(美元/ft²)
住宅	$R6 \sim R13$	$1.8 \sim 5.6$
商业	$R6 \sim R10$	$3.9 \sim 11.9$

一种新型薄高绝热窗

　　最先进的双层玻璃窗的隔热等级约为 $R3$。劳伦斯伯克利国家实验室(LBNL)最近的一个项目开发了一种轻质的三层玻璃窗，达到了 $R5$ 的隔热等级。[②] 1 in 厚的 IGU 被设计为在两个传统的 1/4 in 玻璃层之间放置非结构的 1/36 in 玻璃中心层，并与暖边垫片和氩气填充物组装在一起。项目团队将这种"薄"绝热玻璃单元与一种新型的热断裂框架组合在一起。该框架

---

　　① 单窗格高绝缘高效透明设计。https://arpa-e.energy.gov/technologies/programs/shield.

　　② Lee, E. S., D. C. Curcija, T. Wang, et al. 2020. 加利福尼亚州高性能集成窗户和幕墙解决方案. 加州能源委员会. 出版物编号：CEC-500-2020-001。https://www.energy.ca.gov/publications/2020/high-performance-integrated-window-and-facade-solutions-california.

采用非连续设计,能够最大限度地减少室外和室内之间的传导热传递。总体而言,考虑到窗户的成熟市场增量成本为 1 美元/ft^2,该窗户显示出在加州所有气候区减少暖通空调能耗 5%~7% 的潜力,且回报期为 10 年。

动态玻璃和立面

与静态玻璃相比,动态玻璃和立面系统具有可变的太阳能热增益控制特性,可以显著降低能耗。

当阳光照射到玻璃上时,热变色窗会改变其性能指标。当阳光温暖窗户时,热变色元素会变暗,并在窗户上产生着色效果。电致变色窗具有电致变色涂层,该涂层由涂覆在绝热玻璃单元上的微薄层组成。玻璃的色调直接由施加到玻璃上的电压控制。

动态玻璃系统的高成本是一个重要障碍。依靠低成本、高产出的新方法可以降低产品成本并扩大动态玻璃的可用性。对于自动附件和电致变色玻璃系统,具有集成电源的系统可减少安装和施工复杂性,同时也可以避免额外的持续维护成本。这些系统可以使用表面安装到框架上的,或锚固到框架或连接系统(如果外部安装)的突出结构上的小型光伏(PV)电池来为状态改变操作提供电力,并且可以同样适用于夜间操作的能量存储系统。

动态玻璃窗和遮阳系统能够实时管理窗户配置,以响应供暖和制冷需求、占用率和可用日光的昼夜变化及季节变化。通过适当的控制,动态玻璃和立面可以通过改变供暖、制冷和照明负荷的时间来提供电网效益(见第 5 章)。

表 2-5 显示了动态玻璃和立面的技术创新。

表 2-5 动态玻璃和立面的技术创新

技　　术	描　　述	技术成熟度
有源和无源开关	用于有源和无源开关的新型材料,与适用于现有浮法玻璃生产工艺的制造方法兼容	TRL 5
增加波长衰减的选择性	可独立衰减可见光或近红外波长的新型材料	TRL 2~ TRL 4
自供电系统	自动连接和电致变色玻璃系统使用表面安装在框架上的,或固定在框架或连接系统(如果外部安装)的突出结构上的小型 PV 电池,为状态改变操作提供电力	TRL 2
集成 PV 的玻璃	静态光伏玻璃可以是透明的(仅转换不可见的太阳能)或半透明的(转换入射可见光的一部分)。可切换的 PV 窗口以类似于热变色玻璃的方式从可视透明状态切换到变暗状态	TRL 3~ TRL 5

续表

技　　术	描　　述	技术成熟度
改进的组件传感器、控制和系统集成	动态立面组件的自动控制需要在太阳能控制和采光之间进行复杂的平衡，以最大限度地节约能源和提高居住者的舒适度。模型预测控制可以使用动态玻璃的热和采光模型及房间热响应模型；暖通空调、照明和热能储存参数；以及居住者偏好，在特定的时间范围内产生最佳控制	TRL 2～TRL 3

资料来源：美国能源部（2020年5月）。LBNL主题专家估计的技术成熟度。

动态（可切换）光伏玻璃

大多数将PV集成到玻璃中的设计都是半透明的，只吸收一小部分入射可见光。由于需要保持足够的可见光透过率，因此吸收和转换为电能的光量受到限制，可以使用可切换的PV窗通过从可见透明状态切换到黑暗状态来规避，以及允许在黑暗状态下增加电力转换效率，而不牺牲在非工作时间的可见光透过率。该技术在单一系统中创新性地结合了具有更高功率转换效率的PV和动态玻璃的节能效益。来自光伏玻璃的电力可以用于操作其他动态立面组件。如果大量的额外发电是可行的，那么将玻璃光伏集成到建筑电力系统所需的额外成本可以被产生的电力价值所抵消。

动态PV玻璃仍处于早期研发阶段，在实现可切换设计的商业化之前，必须优化其耐久性和切换温度。

动态PV玻璃的另一种选择是PV百叶窗，它能够将轻质薄膜PV与现有的窗户集成在一起。不透明的光伏遮阳系统将提供比半透明的光伏遮阳系统更高的输出功率，但要达到这个目的，需要一个复杂的控制系统，以避免产生不必要的遮阳效果。

日光重定向（采光）系统

窗户提供的日光不仅可以对室内环境氛围的改善做出重大贡献，还可以减少建筑对人工照明的需求。日光重定向（采光）系统通过照亮室内空间，增加了自然光的可用性。商业化的采光系统包括室内和室外的光架、百叶窗和玻璃本身的薄膜。这些系统通常适用于高窗或主窗的上部。该系统包括从屋顶或立面捕捉光线并将光线重新定向到没有窗户的室内空间的技术，旨在减少建筑物照明能源使用的日光重定向设备在商业应用方面的限制，这种限制源于技术本身和实现持续照明节能所需的配套基础设施方面的挑战。表2-6列出了一些可以推进日光重定向系统的技术创新。

表 2-6　日光重定向系统的技术创新

技　术	描　述	技术成熟度
将光线重定向到室内空间的技术不需要侧照明	不依赖侧照明的可见光重定向技术对于低矮或不兼容的天花板空间和无窗的室内空间具有有效的潜力。这些功能对于利用可用的环境光最大限度地节约照明能源的潜力至关重要,特别是那些不容易改变这些建筑特征的改造应用	TRL 3
能更好地控制光的方向分布的新材料	重定向太阳光的模式可能是不均匀的,并会在明亮的阳光和天花板及墙壁上的阴影区域产生强烈的对比。新型光重定向材料可以更好地控制光的分布	TRL 1～TRL 2
采光软件	机会包括传感器配置软件,以确保充分的眩光控制,软件简化设计,节省照明和居住者舒适度,同时简化调试	TRL 3～TRL 5

资料来源:美国能源部(2020 年 5 月)。由 LBNL 学科专家估计的技术成熟度。

这些技术可以与照明传感器和控制装置结合使用,理想情况下,当与可调光灯或照明灯结合使用时,它们可以显著减少某些类型的商业建筑对照明能源的使用,通过充分利用现有日光来大幅增加建筑面积。LBNL 的一个项目团队开发了一种能够为距离窗户 15～40 ft 的商业建筑区域提供日光的日光重定向系统。该系统通过一组自动的、可变宽度的镜像百叶窗,将阳光从朝东、朝南或朝西的窗户上方区域定向到天花板平面。对早期原型的现场进行测量证实,该系统可以将光线重定向到空间深处,而不会产生令人不安的眩光。模拟表明,与手动操作的哑光白色百叶窗相比,使用该系统能够使朝东和朝南方向的年度照明能耗减少 35%～54%,朝西方向的照明能耗减少 9%。

2.1.3　供暖和空调设备

随着全球变暖现象的加剧,空调对能源的需求将增加,而随着空间供暖电气化的推进,电加热设备的效率变得更加重要。同时,尽管蒸气压缩技术可能会进一步地得到改进,但目前能够提供加热和冷却作用的电动热泵已经非常有效了。

目前,主要的蒸气压缩技术使用具有非常高的全球升温潜能(GWP)的氢氟碳化物制冷剂(HFCs),但使用具有较低 GWP 的制冷剂(如 R466A、R32 和 CO_2-R744)且与当今典型设备相比具有可比或改进的效率的产品已经在几个暖通空调设备类别中实现商用。研究人员正在测试使用具有极低 GWP 的制冷剂的节能设备,但与当前制冷剂相比,对 GWP、性能、效率、可燃性和成本需要进行权衡。因此,人们致力于完全超越蒸气压缩技术,同时保持或提高效率。

低 GWP 蒸气压缩系统的成本需要进一步地降低,并需要开发低 GWP 设备,使其效率与当今最好等级的设备相一致。DOE 的重点领域包括能够处理低 GWP 制冷剂的压缩机,以及使用天然制冷剂,如 CO_2（R744）的低 GWP 热泵。

非蒸气压缩（NVC）系统可以在不使用任何制冷剂的情况下为建筑物提供显冷和（或）潜热冷却作用。目前许多 NVC 技术可用于某些应用,但对大多数技术需要进行额外的研发以满足蒸气压缩系统的成本、效率和性能要求。固态技术,包括磁热和电加热系统,在通过电输入激活时,可以根据其核心固态物质的固有材料特性产生有用的温差。机电技术是改变工作流体的相位或其他特性以泵送热量的电驱动技术。

DOE 最近对商业建筑暖通空调系统研发机会的研究表明,就潜力而言,排名最高的技术是膜冷却系统、亚稳态临界流动循环和热弹性。[1]（膜冷却系统最适用于湿热气候。）表 2-7 列出了供暖和空调设备的技术创新。表 2-8 汇总了新型供暖和空调设备的潜在节能和市场情况。

表 2-7　供暖和空调设备的技术创新 *

技　　术	描　　述	技术成熟度
涡轮压缩机冷凝器膨胀机热泵	一种系统,将多个蒸气压缩组件组合成一个在公共轴上运行的接头组件,以提高工作回收率和能源效率	TRL 3～TRL 4
磁致热的	通过将专门的磁热材料暴露于强磁场,提供空间冷却	TRL 3～TRL 4
电热的	特殊的电加热材料在电场中振荡,这使它们经历可逆的温度变化和传热	TRL 1～TRL 2
膜冷却系统	该系统使用专门的聚合物膜将水输送到多个组件上,从而实现高效除湿和蒸发冷却	TRL 5～TRL 6
热弹性的	通过将物理应力循环施加到特殊弹性热材料（形状记忆合金）上来传递热量的系统,该材料在压缩和释放时会改变温度	TRL 3～TRL 4
亚稳态临界流动循环	一种新型的冷却循环,它使用专用的会聚-发散喷嘴来膨胀高压制冷剂,当制冷剂以超音速蒸发时,高压制冷剂会降低温度	TRL 3～TRL 4
电化学热泵	使用质子交换膜的电化学电池压缩氢工作流体以驱动蒸气压缩或金属氢化物热泵循环	TRL 3～TRL 4

* 并非所有技术都能提供空间供暖和制冷。
资料来源:美国能源部（2017 年）。

---

[1]　U. S. Department of Energy,2017a. RD&D Opportunities for Commercial Buildings HVAC Systems.

表 2-8 新型供暖和空调设备的潜在节能和市场

技　术	节　能	潜　在　市　场
涡轮压缩机冷凝器膨胀机热泵	与 14 个 SEER 基准相比,住宅型分体式系统配置的 20 个 SEER 性能估计将节省 30% 的能源	可用于任何类型的风冷成套空调系统
磁致热的	空调应用预计可节省 20% 的能源	可用于所有蒸气压缩式空气冷却系统
热弹性的	与传统的商用空调系统相比,节省了 40% 的空间	从长远来看,可以在技术上替代大多数蒸气压缩式暖通空调系统。目前的发展集中在封装式空间冷却应用上
亚稳态临界流动循环	制冷机预计节省 30% 的能源。研究人员认为,冷却循环性能系数(COP)可能接近 10 或更高	该技术可能适用于广泛的空间冷却应用。大型商用制冷机是该技术最明显的应用之一
电化学热泵	20%——研发工作正在进行,空间冷却的目标 COP 大于 4	从技术上讲,有可能取代大多数蒸气压缩式暖通空调系统
电热的	研究团队预计节能 20% 或更高	可应用于所有蒸气压缩式空气冷却系统

　　资料来源:美国能源部(2017 年)。

　　适用于炎热干燥气候的蒸发冷却技术已经被应用多年,但新的方法可以帮助克服阻碍其更广泛应用的障碍。蒸发冷却系统在炎热干燥的气候条件下具有较高的性能系数(COP)。相对于蒸气压缩系统,节省出的功率需求会随着室外空气温度的增加而增加。间接蒸发冷却基于由传热表面分离的两股气流之间的传热和传质。两级蒸发冷却(间接/直接组合)旨在通过安装热交换器来降低室外空气进入蒸发垫之前的湿球温度。蒸发冷却系统和蒸发预冷器(将蒸发冷却系统与蒸气压缩系统相结合)已在市场上销售,但研发部门仍在继续研究可以改进其性能的设计方法。

微型分布式暖通空调和个人舒适设备

　　室内热舒适性的主要挑战之一,是在给定环境中,使用者的热感觉和热偏好之间的差异很大。替代的 HVAC 系统架构可以为建筑居住者提供局部舒适度,以降低传统 HVAC 系统的操作要求。

　　微分布式 HVAC 按需概念可能涉及单个床、座椅、桌子、地板和表面加热与冷却。[①] 可实现这种分布式架构的技术包括新一代相关传感器和控制

――――――――――

　　① Snyder,G. Jeffrey,et al. ,2021. Distributed and localized cooling with thermoelectrics. Joule,Vol. 5,Issue 4. DOI: https://doi. org/10. 1016/j. joule. 2021. 02. 011.

器,以及固态热泵,如热电珀耳帖冷却器,这些技术可在无移动部件或噪声的情况下提供加热或冷却作用。

设备的尺寸、位置、质量和日常使用寿命对于使个人舒适系统既可穿戴又具有热效率是一项挑战。研究人员已经制造和评估了一些可穿戴舒适设备,并且在研究、开发和演示阶段报告了许多此类设备的原型(见表2-9)。[①]

表2-9 个人舒适设备的技术创新

技 术	描 述	技术成熟度
机器人个人舒适装置	电动基座上的小型热泵,当建筑物居住者在建筑物周围走动时,为其提供局部空间加热和冷却	TRL 5～TRL 6
个人舒适的动态服装技术	与其他材料相比,先进的材料和织物更有效地排除或吸收热量,因此建筑居住者对暖通空调系统的热舒适性要求更低	TRL 3～TRL 4
个人舒适的可穿戴设备	可穿戴设备、家具和其他创新,使用小规模的加热和冷却元件,为建筑居住者提供个性化的舒适体验	TRL 5～TRL 6

资料来源:美国能源部(2017年)。

2.1.4 通风

通风用电直接占加州商业部门用电量的10%。住宅部门用电量所占的份额很小,但随着对空气质量担忧的增加(特别是在火灾季节),空气清洁变得更加重要,使得这一份额可能还会上升。在这两个部门,与住宅外部空气交换(通风)相关的能量都很大,占暖通空调负荷的20%～50%。

室内空气质量对健康和舒适度有着重要影响。湿气积聚也会导致建筑物的结构损坏。有许多策略可用于确保建筑中的室内环境条件充足。各种策略选项的使用非常重要,因为当必须加热或冷却未经调节的室外空气以替代正在排出的经调节的室内空气时,较高的通风率会增加能耗。

减少建筑物外壳和管道泄漏的策略可以大大减少外部空气交换和相关的暖通空调热负荷。然而,如果密封性很强,可能需要进行机械通风以确保室内空气质量。

在使用CO_2传感器的商业空间中,按需控制通风是常见的情景,该传感器会随着空间占用率的变化而改变外部空气通风率。依赖CO_2进行需求控制通风的一个问题是,它只考虑了居住者或其活动的排放,而忽略了建筑材

---

① Wang Zhe,Kristen Warren,Maohui Luo,et al.,2020. Evaluating the comfort of thermally dynamic wearable devices. Building and Environment, Vol. 167, Jan. 2020. https://www. sciencedirect. com/science/article/abs/pii/S0360132319306535?via%3Dihub.

料和其他来源的排放。市场上已有基于温度或湿度的通风控制装置。这些控制装置的使用避免了在特别炎热或寒冷的时期通风,从而节省了能源。

其他当前可用的技术包括具有可变速度风扇的可变风量系统及热回收装置,其中后者允许使用建筑排出的暖空气来加热进入的冷空气(如果建筑被冷却,则相反)。此外,自动厨房排气扇和智能通风控制也已接近商用状态。表 2-10 描述了通风系统的技术创新。

表 2-10　通风系统的技术创新

技　　术	描　　述	技术成熟度
先进的需求控制通风系统	传感器可以检测 CO_2 和其他污染物的浓度,这些信息可以用于对通风率进行适当调整	TRL 7
带空气净化功能的循环厨房油烟机	厨房排气罩的一些优点可以通过使用具有足够过滤颗粒和气味碳缓冲的循环单元实现。烹饪过程中释放的水分仍然是一个问题,必须通过整个建筑稀释来去除	TRL 5
自动调试和故障检测	为了达到预期效果,必须调试通风设备以确保充足的气流。这种调试可以自动纳入成套设备,技术人员可以简单地读出并记录结果。如果检测到故障,如供气口堵塞或过滤器过脏,某些设备可能会主动通知用户	TRL 5

资料来源:劳伦斯伯克利国家实验室建筑技术与城市系统部 Brennan Less。

2.1.5　照明

固态照明(SSL),特别是使用发光二极管(LED)技术,将成为所有照明应用中的主导技术。在短短 10 年内,LED 的发光效率从低于 50 lm/W 增加到约 165 lm/W。LED 是一种罕见的节能技术,具有高效率、低成本和改进的性能。效率的提高降低了成本和尺寸,同时实现了新的形状因素、改进的光学性能和新的照明应用。

固态照明

迄今为止,尽管研究人员在磷光体(效率和波长与人眼响应匹配)和封装(光学散射和吸收)效率方面取得了进展,但 LED 效率提高的主要原因是蓝色 LED 效率的提高。提高 LED 架构效率的进展需要提高绿色-琥珀色-红色光谱区域的效率,而在这一区域的进展有限。随着更大突破的获得,直接发射式架构的最终理论极限(325 lm/W)有可能会实现,该架构结合了直接发射式彩色 LED 来产生白光。

先进材料的发现对于加快检测新的潜在可行材料的速度是必要的。由于被称为效率下降或电流密度下降的现象,LED 效率在高电流密度下仍然受到限制。研发人员期望在较高电流密度下操作以最大化从芯片发射的光,从而降低 LED 照明产品的每流明成本。剩余的研究挑战包括提高效率,降低成本,提高可靠性、颜色一致性及与调光器和其他控件的兼容性。

有机 LED(OLED)技术是一种固态照明形式,其效率比 LED 低,但能够在更宽的光谱上产生漫射光,并且可以在平坦的柔性片材中制造。结果是,与标准 LED 相比,OLED 的环境光的质量更好,眩光更少,应用灵活性更大。然而,OLED 照明仍面临重大技术障碍,在性能和成本方面仍落后于LED。OLED 照明技术需要持续研发,以将实验室规模的效率和性能进步转化为商业实用的方法。

表 2-11 列出了 DOE 在最近一份报告中确定的固态照明的关键研发机会。① 由于这些类别包含一系列技术,因此无法描述技术成熟度。表 2-12 列出了 LED 封装的历史效果和 DOE 的目标。

表 2-11 固态照明技术创新

技 术 领 域	描 述
发光二极管器件和材料	新的或改进的发射器材料,对发光二极管的材料-器件合成关系和由此产生的性能具有先进的基本理解
高流明发射器器件架构	先进的发射器-器件架构,采用最先进的发射器材料,以改善①从器件封装中提取白光子(通过总封装功率转换效率(lm/W)测量)和②向目标输送白光子的能力之间的现有权衡
漫反射光源发射器材料	可以提高利用 OLED 技术平台的低轮廓、漫射照明概念的性能的材料和结构。OLED 平台的最新技术的进步可能在发射器材料、器件架构或系统可靠性方面
漫射光源光学效率	光学效率和光学控制方法,以提高低轮廓、漫射照明概念的性能
量子点技术	芯片上量子点下变频器在与高效固态照明相关的发射波长范围内匹配或超过传统芯片上磷光体材料的性能
先进的 LED 照明概念	组件或全照明产品概念,展示了新的或先进的照明功能,包括非常高的效率、高效率的颜色可调性,或对照明应用效率的其他方面的改进。可以对 LED 芯片、封装、模块或集成照明产品进行改进
电力和功能电子	用于高效率、高可靠性、最小尺寸和质量的灯具的先进原型LED 或 OLED 供电概念。使用新的组件、设备、材料、电路和系统设计,以提高性能

---

① U. S. Department of Energy. January 2020. 2019 Lighting R&D Opportunities. https://www. energy. gov /sites/prod/files/2020/01/f70/ssl-rd-opportunities2-jan2020. pdf.

续表

技 术 领 域	描　　　　述
用于照明的增材制造技术	适用于 LED 照明制造价值链的任何部分的大批量增材制造技术,可减少零件数量并具有成本效益。具有特定于照明应用的特性的可打印材料对增材制造方法是有意义的

资料来源:美国能源部(2020 年 1 月)。①

表 2-12　LED 封装的历史效果和美国 DOE 目标　　单位:lm/W

类　　型	2020 年	2025 年	2035 年	2050 年
荧光粉转换冷白色	185	228	249	250
荧光粉转换成暖白色	165	210	241	250
颜色混合	138	204	281	336

资料来源:美国能源部(2022 年 2 月)。

高级固态照明展望

美国能源部进行了一项比较 LED 灯和灯具的当前路径的分析工作,考虑到能源部和行业利益相关者要继续保持当前固态照明投资水平和所付诸的努力,该路径假设美国能源部 SSL 研发计划中的目标已经实现。② 2017—2035年,DOE SSL 计划的目标情景显示,额外的累计节能量为 16 quad(一次能源)。

SSL 的下一代节能将是提高照明应用效率,特征是将光从光源高效地转换为照明。③ 照明应用效率可以说明照明应用的光谱的有效性,以及当不使用光时主动控制光源以最小化能量消耗的能力。改进的光学设计可以允许以最佳光学分布更有效地传输光。精确的光谱控制能够为应用需求和建筑物居住者提供更合适的光线,对大范围强度的瞬时控制具有按需提供正确光量的能力。

LED 的非能源效益④

LED 技术可以使新的照明功能超越视觉和可见度的基本照明功能。SSL 中固有的光谱可调性能够支持健康的昼夜节律,从而具有改善建筑物居住者福祉和生产力的潜力。LED 照明还可以通过提供更合适的照明效果

---

① 2022 年 2 月,DOE 发布了一份新报告:2022 Solid-State Lighting R&D Opportunities. https://www. energy. gov/sites/default/files/2022-02/2022-ssl-rd-opportunities. pdf.

② U. S. Department of Energy. December 2019. Energy Savings Forecast of Solid State Lighting in General Illumination Applications. https://www. energy. gov/sites/prod/files/2020/02/f72/2019_ssl-energy-savingsforecast. pdf.

③ 本部分取自:Advanced Lighting R&D Challenges. https://www. energy. gov/eere/ssl/advanced-lighting-rd-challenges.

④ https://www. energy. gov/eere/ssl/advanced-lighting-rd-challenges.

来改善道路安全,这种照明可以增强人们在不同道路情况下的视觉敏锐度和辨别力。

LED 照明平台还能够提供户外照明功能,减少对环境和生态的影响,同时提高安全性。此外,它还可以通过提供可实现室内优化生长条件的光源,来提高食品生产的可持续性和弹性。

照明控制系统

低成本传感器、无线通信、计算和数据存储技术的创新可以促进先进、自动化和智能的照明控制系统的发展。LBNL 最近的一个项目开发了一套网络照明解决方案,可以显著减少商业建筑中的照明能耗。[①] 这项技术包括一个低成本传感、分布式智能和通信平台"PermaMote",这是一种用于照明应用的自供电传感器和控制器。PermaMote 具有能量收集能力并包括多种传感器类型(例如,光量、光色、运动、温度),它们被包含在一个小而轻的外型中,并使用行业标准的网络协议。简单、低成本的无线多传感器平台允许在受控空间中密集分布传感器,为测量属性提供丰富的覆盖空间。

项目团队还开发了一个任务环境采光系统,该系统使用开放的应用程序编程接口将传感器与数据驱动的采光控制集成在一起。这项技术,即"桌面读数"(Reading-at Desk,RAD)系统,通过输入在桌面上测量的照度和用户期望的照度来控制头顶灯。位于桌面上的传感器很容易与商用可控灯和灯具集成,以实现低成本的网络照明控制改造。

对于 PermaMote 的测试表明,在为期一周的测试中,通过居住者控制和日光调光功能,实验办公室平均节省了 73% 的能源。对于 RAD 控制器的测试显示,日光采集和更精确的桌面照度可以显著节约能源。总体而言,项目团队估计,这些先进技术可将加州办公室的照明能耗减少 20%(高于或超过 Title 24 标准规定的常规先进照明控制),从而每年节省电量约 1.6×10^6 GW·h。

2.1.6 主要耗能电器

冰箱和冷冻机

在加州,家用冰箱和冰柜的用电量约占住宅用电量的 10%,大型制冷和冷冻设备用电量约占商业用电量的 8%。虽然所有类型的制冷和冷冻设备都有共同的基本特征,但各种尺寸和类型意味着某些技术能够比其他技术更好地适用于特定类型的设备。

[①] Brown Rich, Peter Schwartz, Bruce Nordman, et al. 2019. Developing Flexible, Networked Lighting Control Systems That Reliably Save Energy in California Buildings. California Energy Commission. https://escholarship.org/uc/item/4ck0216d.

最常见的制冷剂[①]基于蒸气压缩循环(vapor compression cycle, VCC)技术。为了提高能效,高级循环选项包括双蒸发器循环、膨胀损失回收循环(喷射器和膨胀器)和多级循环(两级和双回路)。[②]

本节讨论的空调用高 GWP 制冷剂的问题也适用于具有 VCC 的冰箱和冷冻机。大多数考虑用于冰箱和冷冻机的低 GWP 制冷剂基于碳氢化合物制冷剂,由二元或三元混合物组成,以提高制冷能力和 COP。表 2-13 汇总了冰箱和冷冻机的技术创新。

表 2-13 冰箱和冷冻机的技术创新

技 术	描 述	技术成熟度
蒸气压缩技术		
喷射器循环	恢复扩张损失	发展阶段
两级压缩循环	减少压缩和膨胀损失	发展阶段
双回路循环	通过较小的压缩机降低压缩比,并提高新鲜食品室蒸发器的温度	商用大容量冰箱
非蒸气压缩技术		
扩散吸收式制冷循环	该循环由一个发生器组成,包括一个气泡泵、一个整流器、一个冷凝器、一个蒸发器、一个吸收器和一个储液器	商业化(小容量)
热电的	热电制冷是通过流经由两个不同导体或半导体形成的电路的直流电来操作的,这两个导体或半导体在两个导体的连接处产生温差(珀耳帖效应)	商业化(小容量)
有磁性的	磁制冷是基于磁热效应的,磁热效应是一种磁热力学现象,在这种现象中,顺磁性材料的温度可逆变化是由其暴露于变化的磁场中引起的	发展阶段
热弹性的	热弹性制冷利用弹性热效应,该效应利用与形状记忆合金中的相变相关的潜热	发展阶段
其他		
真空隔热板	典型的 VIP 由核心材料和气密外壳组成。VIP 的热阻比冰箱中使用的同等厚度的传统聚苯乙烯板大约高 10 倍	商业但需要开发以降低成本

资料来源:Choi et al. (2018);Verma Singh(2020)。

至于空调,研究人员正在开发冰箱和冷冻机的非 VCC 技术。吸收式制冷循环是制冷应用中最发达和使用最广泛的非 VCC 技术,但主要用于小尺

---

① 为简单起见,本节使用"冰箱"作为制冷和冷冻设备的替代。

② Choi S. ,et al. 2018. Review:Recent advances in household refrigerator cycle technologies. Applied Thermal Engineering 132 pp. 560-574.

寸装置。利用固态制冷剂中的磁热效应和温度随磁场变化而变化的特性的磁制冷技术是当前研究的热点。就制冷量和 COP 而言,磁性冰箱最接近当前基于 VCC 的家用冰箱。

真空隔热板(vacuum-insulated panels,VIP)基于在低真空条件下导电性降低的性质,有可能将冰箱能耗减少 20%~30%。[①] 开发更便宜、更耐用的核心材料是 VIP 的主要研究领域之一。对复杂传热现象进行计算机建模对于开发新的核心复合材料和包层是必要的,可以以此获得最具成本效益和使用寿命最长的 VIP。

其他电器

家庭和一些商业设施中使用的其他主要电器如表 2-14 所示。

表 2-14 其他主要电器

电　器	加州住宅用电量的估计份额/%
衣物烘干机	6.2
洗衣机	0.7
炉灶/烤箱	3.9
洗碗机	2.3
热水器	1.8

热水器在表 2-14 中所占份额低,因为加州的大多数住宅的热水器都使用天然气。如果水加热的电气化能够成功实现,这一比例将大幅上升。衣物烘干机和炉灶/烤箱也是如此,尽管因为它们目前混合使用电和天然气而导致这个比例的上升程度会相对较小。

对于水加热和衣服烘干,以热泵的形式使用高效的电力替代燃气和电阻加热是可行的。集成低 GWP 制冷剂的问题也适用于这些热泵。

作为长期战略的一部分,美国能源部正在研究用于热泵热水器和衣物烘干机的热电系统,以及用于热泵热水器的电化学压缩技术。橡树岭国家实验室(Oak Ridge National Laboratory,ORNL)与 GE 电气公司合作,设计、开发并测试了一种使用超声波换能器从织物中机械提取水分的衣物烘干机原型。[②] 超声波干燥机的工作原理是利用压电换能器,这是一种将电转化为振动的装置。

当电压增加时,传感器以高频率振动,当水从织物中被除去时,水就会

---

① Verma S. ,H. Singh. 2020. Vacuum insulation panels for refrigerators. International Journal of Refrigeration 112 pp. 215-228.

② https://www.energy.gov/eere/buildings/downloads/ultrasonic-clothes-dryer.

变成薄雾。本项目旨在开发一种能将每千瓦·时(kW·h)的能量因子从 3.7 lb(1 lb＝0.453 592 37 kg)增加到 5.43 lb 的衣物烘干机,而干燥时间将比基准单位增加 20%以上。

2.1.7 电子设备和其他插头负载

近几十年来,电子产品和其他小家电的数量激增,尤其是在家庭中。"其他"类别(有时被称为"插头负载")的用电量占加州居民用电量的 44%,占商业用电量的 23%。[①]

提高插头负载的能源效率是一项挑战。其中一种方法是将备用电源的使用减少到零或接近零。最近的一个项目表明,在若干系列产品中,零或接近零待机功率在技术上是可行的。[②] 这些解决方案既有优点也有缺点,在商业化和引入新设备之前,还需要进行进一步的技术改进并降低成本。此外,解决方案的组合规模需要扩大。

另一种方法是利用直流输入。直流连接负载可以以较低的成本直接连接到更高效率的直流配电。直流输入还可以大大减小电容器的尺寸,提高电能质量。人们越来越有兴趣在零净能源建筑内使用直流配电,从而将非常高效的终端使用设备(如固态照明和变速电机)与现场太阳能发电和储能连接起来。建筑物中直流系统的成功市场部署依赖可靠的、具有成本竞争力的终端电器和设备,这些终端电器和设备可以直接使用和启用直流电源,并具有解决直流配电电压、连接器和保护方案的成熟标准。[③]

表 2-15 描述了插头负载的几种技术创新。

表 2-15 插接负载的技术创新

技　　　术	描　　　述	技术成熟度
零或接近零的待机电源		
突发模态	突发模式允许轻负载的功率转换器运行在一个更高的效率点上	TRL 3

①　插头负载使用的一些电能用于空间加热(便携式加热器)、冷却(吊扇和其他风扇)或烹饪(微波炉和各种厨房设备)。在商业领域,数据中心的服务器和相关设备属于"电子和其他"类别。

②　Meier Alan, Richard Brown, Daniel L. Gerber, Aditya Khandekar, Margarita Kloss, Hidemitsu Koyanagi, Richard Liou, et al. September 2020. Efficient and Zero Net Energy-Ready Plug Loads. California Energy Commission.

③　Vossos V., et al. 2019. Direct Current as an Integrating and Enabling Platform for Zero-Net Energy Buildings. California Energy Commission.

续表

技　　术	描　　述	技术成熟度
零或接近零的待机电源		
光能收集	光能收集以打开视距遥控设备,如电视机、机顶盒、灯和风扇	TRL 4
射频唤醒	使用超低功率"唤醒收音机"激活设备	TRL 3
直流设备		
由 USB 或以太网供电的"直流"设备网络*	许多电子设备,如 Wi-Fi 路由器,已经是"本地"直流电,需要一个变压器来使用交流电。直接直流布置消除了对电源的需要,减少了材料和转换损耗。它还允许通过直流连接上的信号来管理设备,以便设备能够响应电价的变化等	TRL 5
能够管理直流设备生态系统的控制器	一个能够管理直流设备生态系统的开源控制器将基于实时电价优化运行,并可以结合光伏和储能	TRL 5

* 直接直流指的是通过以太网和 USB PD 线用低压直流电为设备供电的概念。

2.1.8　传感器和控制器

照明、窗户、暖通空调设备、热水器和其他建筑设备已经开始配备智能控制器和无线通信功能。这些系统为提高建筑效率、管理峰值负荷及提供有助于控制大型公用系统成本的服务提供了许多机会。它们还提供了许多建筑所有者和居住者可能更感兴趣的非能源效益,如改进了安全、门禁、火灾和其他紧急情况的检测和管理功能,以及在维护问题导致严重结果之前识别它们的能力。

虽然照明等单独的子系统需要依赖其自我控制功能,但如果所有建筑系统都作为集成系统的一部分受到控制,则整个建筑的运行效率最高。开发建筑传感器和控制系统的一个挑战是使复杂的控制系统正确工作。

一个新兴的关注领域涉及预测控制。这些是暖通空调、自动外墙、插头负载、照明等的"智能"控制,利用有关居住者行为、技术操作和气候条件的数据,可以通过预测居住者的需求和减少浪费来节约能源。

除了管理和优化建筑物运行外,建筑物中的控制系统还可以在优化下一代电网的性能方面发挥重要作用。先进的建筑控制和控制策略可以提供一系列服务,包括通过控制热水器和其他设备实现的短期减负荷,到使用建筑热质量、HVAC 控制、热水器控制或存储系统实现的长期负荷转移。第 5 章将讨论可以促进与电网交互的新兴控制技术。

2.1.9　数据中心

数据中心能够处理、存储和通信在现代生活中无数信息服务背后至关重要的数据。数据中心中使用的服务器、网络和数据存储设备,以及保持其凉爽所需的空调设备需要消耗大量电力。尽管大型数据中心由拥有资源和激励措施的公司运营,以保持较高的能源效率,但小型数据中心通常不太重视能源效率,且冷却设备不足。加州拥有大量中小型数据中心。一项研究估计,20%的中小型数据中心位于太平洋地区。[①]

鉴于中小型数据中心相对缺乏管理资源,寻求简单的方法来改进运营状态将带来显著的好处。减少服务器和其他设备所使用的能量减少了空调系统需要满足的冷却负荷。

目前一项潜在的有用技术基于这样一个事实:计算机服务器的能源之星认证需要直接访问电源、利用率和进气温度的数据。[②] 这些数据必须采用用户可访问的格式,第三方非专有软件可以通过标准网络读取。目前的技术可以实现在没有任何外部测量设备的情况下单独监控数百台服务器。例如,由于所有进气温度都是可访问的,因此数据中心的热管理功能可以得到大大改进。改进的热管理功能反过来又提高了服务器的可靠性和基础设施的能效。由于直接访问功能既不为人所知,也不为人熟知,因此其自动化的潜力受到阻碍。为此目的开发通用数据访问技术(适用于所有服务器品牌和型号)可以在相对较短的时间内获得可观的回报。

另一种可以减少数据中心(及其他部门的计算机)能耗的方法是推广计算机编码技术和算法,这些技术和算法要考虑对计算效率和系统能耗的影响。这些措施会显著影响计算负载,最终导致用户很少有能力对其进行更改。更好的技术和算法的广泛应用,将为数据中心带来巨大的能源节约效果。这不仅有助于减少计算机系统的能耗(因为代码现在运行得更快),而且由于其需要的冷却能耗更少,因此还可以减少数据中心支持系统的能耗。

2.1.10　先进建筑施工

建筑部门劳动力生产率的滞后增加了新建建筑和改造升级的成本,同

---

① Ganeshalingam M. , Arman Shehabi,Louis-Benoit Desroches. 2017. Shining a Light on Small Data Centers in the U. S. Lawrence Berkeley National Laboratory.

② 本段落和下面的段落来自 Magnus Herrlin,Building & Industrial Applications Department, Energy Technologies Area,LBNL.

时限制了这些项目中节能技术的使用。为了应对这些挑战,人们对先进的
建筑构件异地制造与简化的交付和安装方法相结合的新做法表现出了越来
越多的兴趣。

　　DOE 的先进建筑建设计划正在开发新的建筑技术,这些技术可以在最
短的现场施工时间内快速部署,且价格合理,对市场有吸引力,并可以利用
相关工作提高建筑行业的生产力。[①] 该计划侧重建筑设计、施工和安装,以
提高节能建筑系统和方法的可承受性、可扩展性和性能。它特别强调在保
持初始成本不变的情况下,显著提高移动房屋的效率。其中一些技术可以
在现有存量建筑和新建筑中以最少的现场施工量进行部署。

　　该计划针对几个关键领域的技术创新。表 2-16 列出了其中一些正在开
发的技术。

表 2-16　建筑施工技术创新

技　　术	描　　述	技术成熟度
与当前做法相比,隔热预制混凝土墙板可减少约 40% 的墙体热负荷和冷负荷	技术包括:1.5 in 厚夹层的高性能混凝土混合料,可在不影响墙板整体厚度的情况下使隔热量加倍;1.5 in 厚夹层的无腐蚀插入件和连接件;无底漆、自修复密封剂,可延长气密和防水面板接头的使用寿命;3D 打印模具,组装速度比传统木模快 50% 左右	TRL 8
混凝土墙的增材制造	所提出的技术旨在不损害结构性能的情况下实现 50% 的热阻改善,而不增加额外的初始成本	TRL 6
先进的制造技术,可大规模定制和生产节能、防潮耐用的外包面板,用于外壳翻新	开发新的可打印材料,设计使用多材料打印的方法,以共同优化结构和热性能,并将现有建筑材料与定制的 3D 打印部件集成,以加快外包面板的组装	TRL 3
用于设计、制造和交付零能耗平房式单户住宅的集成建筑系统	综合建筑系统将包括:一个自动化的场外生产平台,由虚拟原型生产线和试点机器人单元组成,利用现成的工业机器人来降低与封闭墙板制造和施工相关的劳动力成本;一个高效的设计平台,由预定义的组件和模块组成,这些组件和模块可以组合起来创建各种各样的住宅	TRL 2

---

　　① Advanced Building Construction Initiative. https://www. energy. gov/eere/buildings/advanced-buildingconstruction-initiative.

续表

技　　术	描　　述	技术成熟度
一个简化的自动化软件工作流，用于规范、制造和安装现有中低层木框架建筑的镶板覆层改造	支持场外制造的面板和饰面组件的自动化规范的新颖的软件工作流程	TRL 3
用于小型和大型多户建筑的集成机械系统吊舱	这些吊舱将在一个简单、高效且易于部署的组件中提供供暖、制冷、通风、家用热水、除湿和电网交互控制。它们将被设计用于由相应的外壳改进或温和气候驱使的低负载用途	TRL 3

注：这些技术和项目中技术由 DOE 先进建筑建设计划资助。橡树岭国家实验室的专家估计了技术成熟度。

新型建筑材料

使用新开发材料（如再生材料或传统上不用于建筑的现有材料）可以减少用于建筑的总能量，同时减少运营能耗。

3D 打印和新的制造方法

在过去的几十年中，3D 打印机和计算机数控机等加法和减法制造工具得到了显著的改进，为制造以前不可能或非常耗时的建筑结构和组件打开了大门。随着最近的技术突破，这些制造技术有望加快建筑构件的生产时间并提高生产质量。

非现场制造

采用工厂和非现场施工方法有可能获得更高的质量和更快的施工时间表，从而提高生产力，增加各种能效技术的集成，并以更低的成本为工人提供受控的工作条件。受控工厂的设置提供了更高的精度和可扩展性，通过集成更紧密的外壳、更好安装的窗户、更智能的控制和改进的 HVAC 系统设计，可以帮助确保得到更高的能源性能。

机器人

机器人的性能和控制能力的进步使人类工人能够到达以前不可能涉足的地方或进行以前不可能进行的活动。例如，机器人可以安全进入小空间和空腔，如管道系统，以执行空气密封或开展其他高效活动。机器人可用于提高生产率，并确保安装能效措施时的一致性。

数字化

复杂的软件和更快的计算能力，加上人工智能和机器学习，使快速获取信息和处理信息成为可能。对于节能建筑，机器可以获取视觉图像、能量分析和建模信息及其他输入信息,以将数据直接转化为建筑构件的制造方法,包括墙壁、屋顶或室内设计特征。这一过程有助于设计具有更智能、节能组件的高性能建筑。

2.2 工业

工业部门(不包括采矿业)用电量占加州 2019 年用电量的 14%,但目前无法取得加州工业用电量的最终用途明细。对美国能源使用情况的估计表明,一半的能源消耗用于机器和电机驱动,包括运行风扇、泵、压缩机、成型和加工工具,以及材料加工和搬运设备(见表 2-17)。[①] 尽管被单独列出,但HVAC 和冷却/制冷系统也是由电机驱动的。最近的一项研究估计,2018年电机系统(包括所有电机驱动系统)的用电量占工业用电量的 69%。[②]

表 2-17 2014 年美国制造业终端用电量

最 终 用 途	占总数的百分比/%
机器/电机驱动	50
工艺加热	11
电化学过程*	9
暖通空调设施	8
工艺冷却和制冷	7
照明设施	6
其他工艺用途	2
其他	7

* 电化学过程包括铝加工,这在加州是没有的,因此加州电化学过程的份额低于美国全国。

2.2.1 机器/电机驱动

虽然电动机具有高效率,但最终用途的电动机驱动系统具有低得多的系统效率,特别是对于泵、风扇、压缩空气和材料加工设备。因此,提高电机

---

① Schwartz,Lisa,Max Wei,William Morrow,Ⅲ,Jeff Deason,Steven Schiller,Greg Leventis,Sarah Smith,et al. 2017. Electricity End Uses,Energy Efficiency,and Distributed Energy Resources Baseline. Lawrence Berkeley National Laboratory. https://emp. lbl. gov/publications/electricity-end-uses-energy.

② Rao,Prakash,et al. 2021. U. S. Industrial and Commercial Motor System Market Assessment Report,Volume 1:Characteristics of the Installed Base. Lawrence Berkeley National Laboratory. https://etapublications. lbl. gov/sites/default/files/u. s. _ industrial_and_ commerical_ motor_system_market_assessment_report_vol_1_. pdf.

驱动系统效率的最大机会是改进整体系统设计。系统通常设计为具有比正常操作更大的吞吐量,通过过程控制来抑制过多的吞吐量,但这也导致了效率损失。变速驱动器(variable-speed drives,VSDs)或变频驱动器(variable-frequency drives,VFDs)能够动态调整电机速度或频率,以满足功率要求,并可为适用系统节省大量电力。[①] 此外,还存在更好地协调交流电(AC)和直流电以减少转换损耗并改善工业应用的电能质量的机会。

由于 VSD 和 VFD 可以节省能源,因此技术开发的一个关键重点是通过使用宽禁带(wide-bandgap,WBG)半导体来扩大潜在应用范围。此外,通过应用先进的磁性材料、改进的绝缘材料、积极的冷却技术、高速轴承设计及改进的导体或超导材料等技术,可以实现对电动机的改进。

宽禁带半导体

WBG 半导体的带隙明显大于硅半导体,能够实现出色的电流控制并减少能量损失。与硅基半导体相比,WBG 半导体能够在更高的电压和功率密度下工作,从而能够以更少的芯片和更小的组件提供相同的功率。[②] 此外,这些更强大的 WBG 半导体可以在更高的频率下工作,这有助于简化系统电路并降低系统成本。WBG 半导体中的材料比硅更耐热。因此,基于 WBG 的电力电子芯片可以在更恶劣的条件下工作,而不会使半导体材料退化。其更高的耐热性(300℃ vs. 150℃)降低了对大型隔热和额外冷却设备的需求,从而实现了更紧凑的系统设计。

碳化硅(SiC)和氮化镓(GaN)是用于功率器件的两种最突出的 WBG 材料。横向 GaN 器件可在高达 650 V 的电压环境中使用。目前正在开发的垂直 GaN 器件将能够在更高的电压下工作。SiC 器件可以在甚至更高的电压下工作,但是非常高的电压模块的设计和制造挑战限制了 SiC 器件实现其最大潜力。[③]

WBG 器件的较高耐电压能力、开关频率和结温将使中压电机与基于 WBG 的 VFD 集成。[④] 使用 WBG 半导体的更高效和更紧凑的 VFD 有望将现有 VFD 市场扩展到更广泛的电机系统尺寸和应用(见表 2-18)。新的应用可能包括非常高功率的系统或硅基 VFD 降低过快的应用。

---

① 变速驱动是指交流驱动或直流驱动,而变频驱动是指交流驱动。变频器通过改变电机的频率来改变交流电机的速度。VSD 是直流电机,通过改变电机的电压来改变速度。

② 关于 WBG 半导体的讨论基于 https://www.energy.gov/eere/amo/power-america。

③ Morya, A. K., et al. March 2019. Wide Bandgap Devices in AC Electric Drives: Opportunities and Challenges, IEEE Transactions on Transportation Electrification, vol. 5, no. 1, pp. 3-20. https://doi.org/10.1109/TTE.2019.2892807.

④ 根据 IEC 60038,中压为 1000 V 至 35 kV。

表 2-18 宽禁带器件在交流电机驱动器中的应用

低电感电机	高 速 电 机	在高环境温度下运行的电机驱动器
有效气隙大的电机	高功率密度电机-车辆电气化	集成电机驱动
无槽电机	具有高转矩密度的高极数高速电机	混合动力电动汽车
用于高速牵引的低泄漏感应电机	兆瓦级高速电机	海底和井下应用

资料来源：Morya，et al.（2019 年）。

其他电机技术

美国能源部高级制造办公室（Advanced Manufacturing Office，AMO）的下一代电机计划正在支持中压集成电机驱动系统的开发，该系统利用 WBG 设备的优势，为化学和石油精炼行业、天然气基础设施、石油和天然气行业提供节能、高速、直接驱动、兆瓦级电机，以及一般工业压缩机的应用，如 HVAC 系统、制冷和废水泵。这些应用领域代表了其会产生大量的电能消耗。这些项目的目标是将兆瓦级电机和驱动系统的尺寸减小 50%，并将能源损失减少 30%。表 2-19 显示了一些正在开发的技术。

表 2-19 中压电机驱动器的技术机会

技 术	描 述	技术成熟度
采用碳化硅基变频器的高功率密度驱动器	高性能、高速驱动器，包含基于碳化硅的五级模块化多电平转换器。能够集成到 13.8 kV 电网中，同时避免与电力变压器相关的能量损失。适用于石油和天然气、化工和采矿等行业	中等-TRL
气体压缩用集成变速驱动和高速电机	将 VSD（使用高电流碳化硅器件、高频电感器和其他先进的无功组件）与最先进的开关频率电力电子设备集成到永磁电机中，以提高功率密度和能效	中等-TRL
高速电机用碳化硅驱动器	主要的研发重点是基于碳化硅的高频开关器件，该器件可以直接在高压下工作，在高频下进行开关，并且非常有效。适用于许多行业的高速直接驱动设备	中等-TRL

资料来源：DOE 高级制造办公室。

AMO 还正在推进技术创新，以提高电机的成本效益和减轻质量，同时解决传统的导电金属和电工钢在使用过程中的局限性。该倡议的目标是开发和展示可扩展的高吞吐量制造工艺，用于制造性能技术，包括高性能热导体和电导体、低损耗硅钢制造、高温超导导线制造及其他提高性能的技术。

2.2.2　工艺加热[①]

基于电的过程加热系统(有时称为电子技术)可用于加热、干燥、固化、熔化和成型。在整个美国制造业中,电力仅占工艺加热能耗的 5%。基于电的过程加热技术的例子包括红外辐射、感应加热、射频干燥、激光加热和微波处理。

除了提供更高的效率外,由于诸如选择性加热和体积加热等特性,微波、射频和感应等高频电子技术还可以用于制造改进的或新颖的产品。然而,微波和射频过程的成功部署要求开发人员能够全面理解过程和系统物理。计算建模和优化可以改进电磁、热和材料相互作用的模拟过程,从而改进设计过程,促进技术开发。还需要适用于微波、射频和感应系统的适形/可适应的施加器,其可根据产品尺寸和形状的变化进行调整。

2.2.3　工艺冷却和制冷

加州的大型食品加工行业大量应用制冷/冷藏和冷冻技术。这些应用依赖商业部门制冷系统中使用的许多相同技术,即热泵和大型制冷机。因此,为建筑行业讨论的许多技术机会与工业冷却和制冷相关。在存在废热源的情况下,可以使用吸收式或吸附式冷却器来提供制冷剂的热压缩,而不是机械压缩。

2.2.4　将废热转化为电能

废热来自各种工业系统。大多数工业的最大废热来源是废气、烟气和热空气,但也可以在液体和固体中找到废热。改进废热回收技术是工业节能工作和研发的主要重点。一般来说,利用废热最便宜的选择是在现场热处理过程中再利用这种能量。然而,在某些情况下,废热发电系统可能是一个在经济上有吸引力的选择,而且这种系统有可能可以减少工业用电。

工业中正在使用各种余热发电技术。先进、高效的发电系统的研发机会包括:[②]

---

① 依据:U. S. Department of Energy. 2015. Quadrennial Technology Review 2015,Appendix 6I: Process Heating. https://www. energy. gov/sites/prod/files/2016/06/f32/QTR2015-6I-Process-Heating. pdf.

② 依据:U. S. Department of Energy. 2015. Quadrennial Technology Review 2015,Chapter 6: Innovating Clean Energy Technologies in Advanced Manufacturing. https://www. energy. gov/sites/prod/files/2017/03/f34/qtr-2015-chapter6. pdf.

（1）用于废热流热含量（以 Btu/h 计,1 Btu/h＝0.293 071 1 W）显著变化（由于质量流量或温度波动）应用的高调节系统。

（2）配备非水冷冷凝器的系统,以避免需要水和冷却塔。

热电发电系统允许直接发电,目前用于热电转换的技术正在开发中。新的材料类别可使废热回收效率更高,或与高温热源一起使用。[①] 其他关键研发需求包括开发高性能热交换表面材料和高热通量界面材料。通过使用成本较低的材料及自动化的热电组装方法,可以满足降低热电废热回收产生的电力成本的需要。LBNL 和斯坦福大学的研究人员最近开发了一种基于多孔硅纳米线晶片级阵列的热电废热回收系统。[②] 这些结果为创造具有潜在成本效益的硅纳米线热电能量转换器提供了材料设计指导。

2.3　水利部门

在过去的 25 年中,加州水和废水系统的能源使用量分别增加了近 40% 和 75%。目前,大约 6% 的电力用于水利部门,以供应和处理州内使用的水,或在使用后收集水（废水）并对其进行安全处理或再利用。[③]

图 2.3 显示了水利部门用电的估计细目。水利部门有 3/4 的电力用于抽水。用于泵送的电力可以通过最大限度地减少水需求及使用尺寸更大、控制更好的泵和电机来进行管理。优先考虑当地和分散供水也可以减少供水和分配的泵送距离。然而,处理过程往往受益于强大的规模经济,因此必须仔细考虑进行权衡。此外,约 8% 的电力和约 50% 的废水处理电力用于曝气。

为了减少水系统的电力消耗,有两个领域表现出了特别的前景:

（1）自主控制系统;

（2）更高效的分散式水处理,为农村和落后地区服务。

① U. S. Department of Energy. Quadrennial Technology Review 2015,Appendix 6G: Direct Thermal Energy Conversion Materials,Devices,and Systems. https://www. energy. gov/sites/prod/files/2015/12/f27/QTR2015-6G-Direct-Thermal-Energy-ConversionMaterials-Devices-and-Systems. pdf.

② Yang L. ,D. Huh,R. Ning,et al. 2021. High thermoelectric figure of merit of porous Si nanowires from 300 to 700 K. Nat Commun 12,3926.

③ Kenway S. J. ,et al. 2019. Defining Water-Related Energy for Global Comparison,Clearer Communication,and Sharper Policy. Journal of Cleaner Production 236 (November): 117502.

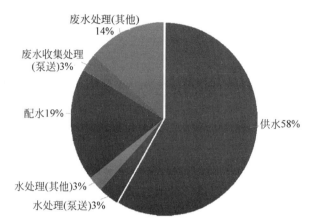

图 2.3   加州水系统中电力的预计最终使用份额（见文后彩图）

资料来源：LBNL 使用来自加州公共政策研究所的"2016 年加州水资源"的数据进行
估算；Navigant(2006 年)；Pabi S.,et al.(2013 年)

2.3.1   自主控制

与其他行业一样，使用先进传感器的过程控制，结合人工智能（artificial
intelligence,AI）和具有自适应控制的机器学习，有可能大大减少水行业的
用电量，从而可能提高泵送和处理步骤的性能。这将需要传感、仪表、控制、
建模和平台的基础设施、软件和网络解决方案。自主系统必须考虑到加州
的水和废水系统中的运行条件、水质特征、流动状态、处理系统设计和灵活
性（如上下调节流程的能力）的高度可变性。

迄今为止，已有很多研究工作将人工智能和机器学习用于知识生成，而
不是功能控制。[①] 关于加州不同水系统的高质量数据的缺乏及对隐私和网
络安全的担忧，是开发这项技术的障碍。此外，工业分散及小型供水系统的
技术、管理和财务能力有限，使得开发最需要的社区负担得起的技术变得较
为困难。

尽管如此，水利部门自主控制系统的开发和商业化仍取得了不同程度
的成功，这其中包括表 2-20 中列出的技术。总体而言，适应性强、可靠、集成
且可推广的自主监测和控制系统对小型水系统和大型水系统都具有成本效
益，且目前仍处于早期开发阶段。

---

① Garrido-Baserba,M. et al. 2020. The Fourth-Revolution in the Water Sector Encounters the
Digital Revolution. Environmental Science & Technology,54(8)：4698-4705.

表 2-20 水系统自主控制的技术创新

技 术	技术成熟度
充分了解水和废水输送基础设施的系统泄漏检测和资产管理	高
为所有客户提供经济、高效的智能计量	中
允许泵送活动响应电网集成的控制系统	中
降雨预测和控制,以实现水库运行的自动化和优化	中
基于统计模型的泄漏检测和资产管理,以帮助系统了解其水和废水输送基础设施的不完整数据	低
控制系统,允许处理过程和设施的响应电网集成	低
可通过物联网分布式和联网化通用、安全和弹性传感器	低
实时故障检测、反馈控制和处理过程优化的模型和平台	低
通过指标和替代物可靠地监测分散处理系统的水质	低

资料来源:Garrido-Baserba M.,et al.(2020 年);Eggimann S.,et al.(2017 年);Mauter,Meagan,P. Fiske(2020 年);LBNL 估计的技术成熟度。

2.3.2 服务农村和落后地区的高效分散水处理

农村地区所依赖的许多水和废水系统都是不足的,这加剧了人们对水正义和公平的担忧。[①] 在某些情况下,将这些农村地区连接到更大的中央系统将产生理想的结果。然而,仅仅依靠整合来解决这一问题将影响这些已经无归属感的社区的自主性,并错失投资分散处理方法的机会,而这种方法可以提高弹性。[②] 可靠的分散式水处理需要改进的自主控制系统,以确保这些系统的处理有效性和安全性能。

供水和处理

在加州农村地区,尤其是中央谷地,水通常由社区供水系统提供或由家庭抽取地下水获得。大约有 200 万加州人使用家庭水井的水,圣华金河谷97%的社区供水系统依赖地下水,替代供水的选择有限。过度抽水及人类和自然资源的污染导致水质恶化,从而使地下水越来越不可靠,其中大部分发生在农村和贫困地区(见图 2.4)。仅通过《可持续地下水管理法》可能无法解决这些问题,并且需要多种处理工艺来清除常见污染物(如硝酸盐、杀虫剂、砷和工业化学品)的所有成分。因此需要可用于小型处理设施和中央

---

① Balazs C. et al. 2021. Achieving the Human Right to Water in California:An Assessment of the State's Community Water Systems. California Environmental Protection Agency.

② Rabaey K.,T. Vandekerckhove,A. v. d. Walle,D. L. Sedlak. 2020. The Third Route:Using Extreme Decentralization to Create Resilient Urban Water Systems. Water Research,185(October):116276.

净水器或终端净水器的更可靠和负担得起的技术。

这些新技术将需要通过减少清洁、减少维护和（或）降低资本和更换零件的成本来显著降低生命周期成本。例如，可以在一个步骤中去除更广泛组分的复合材料，进行小型膜处理，太阳能热脱盐，以及能够实现低能量水分收集的材料。

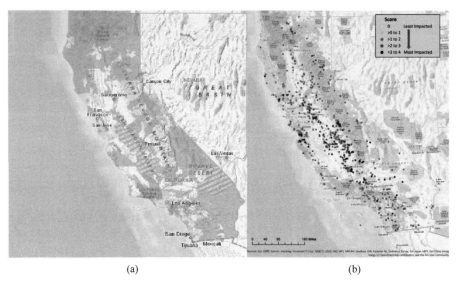

(a)   (b)

图 2.4   地下水污染率(a)和低收入及落后地区(b)(见文后彩图)

资料来源：Balazs et al.(2021 年)(a)；加利福尼亚州空气资源委员会(b)，https://www.arb.ca.gov/cc/capandtrade/auctionproceeds/communityinvestments.htm.

废水处理

农村地区的污水处理通常包括在家庭化粪池中进行被动处理。尽管许多加州社区正在逐步淘汰化粪池，但仍有约 10％的加州人依赖化粪池。维护不善的化粪池不仅会造成公共卫生问题，还会污染当地供水，导致甲烷排放，进而引发气候变化，并且使得人们在短期内无法重复利用被污染过的水资源，从而导致现有供水压力无法减轻。因此，需要成本有效和可靠的技术来提高废水系统的性能，并提供额外的水和其他资源的回收系统，使这些资源可在附近重复利用(例如，能源、营养素)。对于服务于小型社区的废水系统，工程化的被动处理工艺可以最大限度地减少曝气需求，同时也需要限制营养物排放。潜在的方法包括改进人工湿地和藻类处理工艺，提供可靠的全年处理及污水生物强化技术。在家庭或社区范围内，为非饮用水提供现场水处理系统将是有益的，如改进的膜生物反应器或生物电化学系统。将小规模水和废水处理结合起来，以可靠和经济的方式提供现场饮用水再利用系统将是特别理想的。

2.4 加州的战略考虑

建筑

开发能够减少空间供暖和制冷能源使用技术的战略需要考虑到气候区域之间建筑物的分布及气候的可能变化。加州的大多数新住宅将建在对空调需求已经很高的地区，随着全球气候变暖的加剧，空调需求量还会增加。加州大部分现有住房都位于沿海大都市地区，空调在这些地区不太常见，因此供暖需求可能会有所下降。

窗户和建筑围护结构的创新将最容易应用于新建筑。对于改造而言，过于复杂和（或）成本高昂的窗户，以及围护结构技术不太可能具有成本效益，但如果围护结构改造能够集成到新壁板项目中，则有机会增加隔热层和空气屏障。因此，我们需要能够很好地协同工作并增加最少额外工作量的产品。许多老旧的住宅楼和人造住宅的建筑围护结构比标准的新建建筑更薄。墙壁的高热阻绝缘材料可以提供一层薄的绝缘层，从而减少这些家庭的能源消耗。

在将空间供暖从天然气设备转变为电热泵的过程中，热泵采用低 GWP 制冷剂或在新型系统中不使用制冷剂将非常重要。当太阳能发电机的输出达到年度最低值时，冬季对空间供暖的需求也达到峰值。为了最大限度地减少电力系统的负担，下一代热泵需要具有更高的加热侧效率，而这一点比冷却效率受到的关注要少。对于空调而言，如果能够控制水的使用，新的蒸发冷却技术将具有节能潜力。

设备的使用情况会影响提高能源效率的战略的价值。由于住宅照明主要发生在没有太阳能发电的晚上，因此提高家庭照明效率尤为重要。更高的照明效率也将有利于加州室内农业的发展，也有可能减少抽水和高价值农产品运输的能源消耗。

先进的建筑建造技术可以促进净零能耗建筑的建设，并降低改造的成本。它们可以支持部署具有成本效益的零碳或接近零碳的模块化和制造住宅的目标，特别是在资源不足的社区。除了节约能源外，先进的建筑施工技术有可能降低房屋施工成本，缩短施工时间。如此，这些技术可以在缓解加州住房危机方面发挥重要作用。

工业

电机系统是提高工业用电效率的主要目标。由于 VSD 和 VFD 可能会节省能源,因此技术开发的一个关键重点是通过使用宽禁带半导体来扩大潜在应用范围。此外,应用先进的磁性材料、改进的绝缘材料、积极的冷却技术、高速轴承设计及改进的导体或超导材料等技术,可以实现对电动机的改进。

水利部门

使用先进传感器的过程控制,结合人工智能和机器学习及自适应控制,有可能大大减少水行业的电力使用,从而提高泵送和处理环节的性能。这将需要针对传感、仪表、控制、建模和平台的基础设施,以及软件和网络解决方案。对于农村地区,特别是在中央谷地,需要更可靠、更实惠的,可应用于小型处理设施和中央净水器或终端净水器的技术。

第3章　可再生能源发电

3.1　本章引言

在过去的 20 年中,加州传统的可再生能源(水力发电和地热发电)在州内发电总量中所占的份额大致相同。然而,在过去的 10 年中,新型可再生能源——风能和太阳能——的份额大幅增长(见图 3.1)。2019 年,加州所有可再生能源的总份额为 32%。[①]

美国于 2018 年通过的立法(SB 100)确立了 2045 项可再生能源和零碳能源采购目标,相当于零售额的 100% 和为国家机构采购电力的 100%。[②]该法案还提高了加州的可再生能源投资组合标准,要求到 2030 年年底,可再生能源的零售额达到 60%。

要实现这些目标,需要大量、快速地增加可再生能源发电量。当人们考虑到机动车辆和建筑终端电气化带来的电力需求大幅增长,以及需要保持足够低的电价以鼓励电气化时,挑战就变得更大了。

加州空气资源委员会(California Air Resources Board,CARB)制定的脱碳方案显示,电力需求从 2020 年的 300 TW·h 将增长到 2045 年的低方案 440 TW·h 或高方案 540 TW·h。[③]

---

① 太阳能和风能的份额分别为 14% 和 7%。https://www.energy.ca.gov/datareports/energy-almanac/california-electricity-data/2019-total-system-electric-generation.

② SB 100 允许输配电损耗(这代表总发电量的约 7.2%)和非零售负荷将由非零碳资源提供。

③ Energy and Environmental Economics. 2020. Achieving Carbon Neutrality in California: PATHWAYS Scenarios Developed for the California Air Resources Board. The "High CDR" scenario relies heavily on CO_2 removal strategies to achieve carbon neutrality, while such strategies are minimized in the "Zero Carbon Energy" scenario.

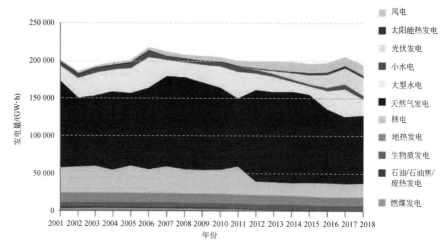

图 3.1　按燃料类型划分的加州州内发电量（见文后彩图）
资料来源：CEC,2019 年综合能源政策最终报告

　　图 3.2 显示了满足预测需求的每个场景中的电力来源。可再生能源发电量的巨大增长显而易见。

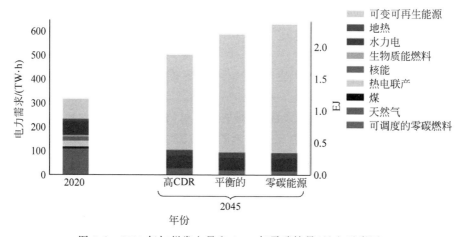

图 3.2　2020 年加州发电量和 2045 年零碳情景（见文后彩图）

　　在 25 年内实现可再生电力供应的 4～5 倍增长将是一项挑战。加州使用的一些可再生电力可能来自州外,但缺乏远距离传输能力可能会限制电力进口量。配置足够的输电能力也是加州要面对的一个问题。大多数预期的可再生能源发电将来自太阳能光伏发电,其多变的性质对维持充足和可靠的电力供应构成了挑战。除了电力储存外,还可能需要一定数量的零碳

发电,以保持电力可靠性并降低总体成本。[①] 合并方案包括地热发电、可再生电力制氢("绿色氢气"将在第 4 章讨论)、具有碳捕获和储存功能的天然气,以及可能的先进核电设计。

技术创新可通过以下方式在快速扩大可再生发电方面发挥关键作用:

(1) 通过提高发电效率提高资源利用率;

(2) 降低可再生电力成本;

(3) 扩大可用于发电的可再生资源。

3.2　太阳能光伏

在过去的 10 年中,光伏技术的进步大幅降低了太阳能发电的价格。[②] 这一发展,加上公用事业规模光伏系统平均容量因数的提高和成本融资的降低,使太阳能光伏发电的成本与世界许多地区所使用的其他电源成本相比具有竞争力。

创新的一个主要驱动力是推动提高电池效率。提高电池效率是有竞争力模块制造的关键,因为它能够通过减少给定输出所需的数量直接降低成本。更高水平的电池效率减少了需要运输到安装现场的模块数量、必要的占地面积及所需的电线和电缆长度。

主导当前市场的硅基模块的效率已从 2010 年的 16% 左右提高到 2020 年的 20%。[③] 非标准电池结构倾向于采用高质量单晶晶片和更复杂的处理过程,以实现 22%~23% 的模块效率。使用碲化镉和铜铟镓硒化物(Copper Indium Gallium Selenide,CIGS)的薄膜技术已接近使用硅的效率和成本,但碲化镉与 CIGS 都依赖稀有元素,这可能会限制它们的使用范围。虽然现有的光伏技术预计会有所改进,包括持续提高效率,但其他技术有可能进一步提高效率并降低成本。

2016 年,美国能源部的太阳能技术办公室为 2030 年的太阳能光伏发电设定了成本目标,即比 2020 年的目标低 50%。2021 年 3 月,美国能源部加快达成其公用事业规模的太阳能成本目标——一个新设定的目标,即到

---

① 与可变的可再生电力相比,电网运营商可以根据需要调用可调度或固定的电力。有关清洁能源企业如何以更低的成本帮助实现加州目标的分析,请参见: Cohen, Armond, et al. 2021. Clean Firm Power is the Key to California's Carbon-Free Energy Future. Issues in Science and Technology. https://issues. org/california-decarbonizing-powerwind-solar-nuclear-gas/.

② 本节的重点是公用事业规模和分布式光伏应用。主要适用于其他应用的技术没有在此讨论,如有机光伏。

③ Champion Photovoltaic Module Efficiency Chart. NREL.

2025 年将当前的平均成本从 4.6 美分/(kW·h)降到 3 美分/(kW·h),到 2030 年降到 2 美分/(kW·h)。[①] 如果能够达成公用事业规模的太阳能光伏目标,则光伏发电将是新型发电技术中成本最低的选择之一,并且将低于大多数化石燃料的发电成本。

3.2.1　多结太阳能电池

多结太阳能电池(当使用两个不同的电池时称为串联电池)是一个电池叠加在另一个电池上面的、单个电池的堆叠,每个电池都有选择地将特定波段的光转换为电能,剩下的光在位于下方的电池中被吸收并转换为电。具有较宽禁带的上层可以充分利用可见光,并允许大部分红外光通过,使其可以被具有较窄带隙的第二层吸收。具有相对容易调谐带隙的材料非常适用于串联电池。

多结器件可以通过在常规硅电池的顶部沉积薄膜器件或使用顺序沉积的半导体层以全薄膜形式来实现。典型的多结电池使用两个或多个吸收结,理论上的最大效率随着结的数量增加而增加。早期对多结器件的研究利用了由元素周期表Ⅲ和Ⅴ列元素所组成的半导体的特性。使用Ⅲ-Ⅴ族半导体的 3 个结器件对于集中的太阳光的使用已经达到了大于 45% 的效率。这种结构也可以推广到其他太阳能电池技术,并且由各种材料制成的多结电池正在研发中。

尽管多结Ⅲ-Ⅴ电池具有比竞争技术更高的效率,但受限于当前的制造技术和材料,这种太阳能电池的成本要高得多。使用聚光光学器件可以部分抵消高成本,而当前系统主要使用菲涅耳透镜。聚光光学器件增加了入射到太阳能电池上的光量,从而产生了更多的能量。使用聚光光学器件需要采用双轴太阳跟踪技术,而这种技术又会影响系统的成本。

一些比较活跃的研究工作旨在通过开发新的基底材料、吸收材料和制造技术等方法降低这些太阳能电池的发电成本,提高效率,以及将多结概念扩展到其他 PV 技术。可靠的低成本跟踪技术和集中解决方案也是一个活跃的研究领域,其能够使采用多结电池的光伏系统的成本降低。

3.2.2　钙钛矿太阳能电池

最近,人们对一类使用钙钛矿的太阳能电池产生了极大的兴趣,钙钛矿

---

① U. S. Department of Energy. Announces Goal to Cut Solar Costs by More than Half by 2030. 2021. https://www.energy.gov/articles/doe-announces-goal-cut-solar-costs-more-half-2030.

是一类具有特定晶体结构和优异光吸收性质的材料家族。近年来,钙钛矿太阳能电池的研发取得了显著的进步,光电转换效率得到迅速提高,从 2006 年的约 3% 提高到 2020 年的 25% 以上。

钙钛矿可以用于薄膜太阳能电池,但串联器件结构看起来更有意义(见图 3.3)。钙钛矿太阳能电池能够非常有效地将紫外线和可见光转换为电能,这意味着它们可以与晶体硅等吸收材料成为优秀的叠层伙伴,从而有效地转换较低能量的光。2018 年,英国研究人员研发的钙钛矿-硅串联电池的效率创下了 27.3% 的纪录,目前该电池已接近商业化。[①]

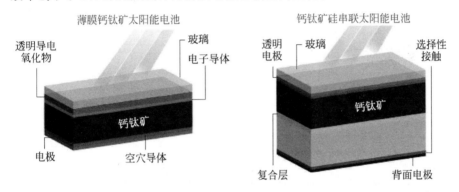

图 3.3　钙钛矿太阳能电池(见文后彩图)
资料来源:美国能源部

研究人员正在研究的钙钛矿材料具有可调谐的带隙,这意味着它们可以被定制设计以补充其伙伴材料的吸收性能。创新的串联结构,如钙钛矿-钙钛矿和钙钛矿-CIGS 有潜力以合理的成本实现 30% 以上的转换效率,因此引起了研究人员广泛的兴趣。[②] 牛津大学开发的一个衍生产品旨在构建具有两层或更多层的全钙钛矿电池,目标是使最终转换效率达到 37%。[③]

尽管钙钛矿太阳能电池在很短的时间内能够表现出很高的效率,但在其成为具有竞争力的商业技术之前,仍存在许多挑战。与领先的光伏技术相比,钙钛矿太阳能电池的稳定性有限。它们不能很好地抵御湿气、长时间的光照或高温。为了提高稳定性,研究人员正在研究钙钛矿材料和接触层的退化机制。阻碍其商业化的其他原因是与铅基钙钛矿吸收剂相关的对环境的潜在影响。目前研究人员正在对现有材料和潜在材料展开研究,以评

---

① Oxford PV takes record perovskite tandem solar cell to 27.3% conversion efficiency. 2018. PVTECH.

② Tian Xueyu,S. Stranks,F. You. 2020. Life cycle energy use and environmental implications of highperformance perovskite tandem solar cells,Science Advances Vol. 6,no. 31.

③ News Feature:The solar cell of the future. 2019. PNAS,January 2,2019,116(1):7-10.

估、减少、缓解和潜在消除毒性与环境问题。

钙钛矿电池是由多层材料制成的,这些材料可以是打印的,也可以是用液体墨水涂覆的,或者是真空沉积的。在大规模制造环境中生产均匀的高性能钙钛矿材料是困难的,并且可能导致在小面积电池效率和大面积模块性能之间产生性能差异。钙钛矿制造的未来可能取决于这一挑战是否得到了解决,而且这仍然是光伏研究界的一个活跃研究领域。

随着钙钛矿光伏技术的商业化,必须在展示高功率转换效率和高稳定性、利用可扩展的制造工艺及从单个电池扩展到具有更大活性面积的多电池模块之间取得平衡。在推进钙钛矿太阳能光伏技术的工作中,DOE 正在资助:①提高电池或微型模块规模上的钙钛矿效率和稳定性,超越现有技术水平的研究项目;②应对以相关规模和产量制造钙钛矿模块为挑战的研究项目;③一个中立、独立的验证中心,可用于验证钙钛矿器件的性能,并解决可接受性和银行化挑战。

3.2.3 新型光学

新型光学技术尚处于早期阶段,但仍有可能提高光伏电池的效率。纳米结构材料可以提供更好的防反射涂层,使更多的阳光被太阳能电池吸收。荷兰的一个研究小组正在使用纳米圆柱体,这种圆柱体由绝缘材料而非半导体制成。它们不吸收光,只是具有与周围材料不同的折射率。结果表明,某些波长的光会从阵列中反射,而其他波长的光则被透射。在钙钛矿-硅串联电池中,纳米圆柱体在钙钛矿和硅之间形成一个单独的层,当光进入电池时,钙钛矿层能够吸收大部分短波长光,但其中一些光没有被捕获就能透过钙钛矿层。纳米圆柱体具有适当的间距,可以将未吸收的光反射回钙钛矿层,从而使其有第二次被吸收的机会。类似的方法可以改善许多形式的太阳能电池中的光捕获,来回反射光直到光被吸收。

3.2.4 总结

表 3-1 总结了太阳能光伏的一些关键技术创新。

表 3-1　太阳能光伏能源的技术创新

技　术	描　述	技术成熟度
多结太阳能电池		
Ⅲ-Ⅴ多结太阳能电池	先进的Ⅲ-Ⅴ太阳能电池结构、超高效率Ⅲ-Ⅴ多结太阳能电池的生长和加工,以及具有挑战性的新型Ⅲ-Ⅴ合金的生长	TRL 4

续表

技　　术	描　　述	技术成熟度
多结太阳能电池		
低成本Ⅲ-Ⅴ太阳能电池	Ⅲ-Ⅴ族太阳能电池的制造成本降低；对于单太阳和低浓度应用,实现效率大于25%的单结电池和效率大于30%的串联电池	TRL 4
混合串联太阳能电池	具有外延和堆叠/接合方法的高效Ⅲ-Ⅴ/硅串联太阳能电池	TRL 5～TRL 9
钙钛矿太阳能电池		
独特的钙钛矿沉积工艺	生长和沉积高质量钙钛矿薄膜的新方法	TRL 4
规模级的钙钛矿	能够快速、廉价地沉积高质量钙钛矿膜的技术和工艺,使钙钛矿PV能够在工业环境中持续且经济、高效地制造	TRL 4
替代钙钛矿化学	替代常见的甲基铵-卤化铅钙钛矿器件的薄膜和量子点化学,通过证明稳定性和效率的提高,有可能改善钙钛矿薄膜的性能	TRL 4
改进的钙钛矿薄膜性能	薄膜沉积方法、化学改进及钙钛矿活性层和器件结构的工程设计,将商用钙钛矿器件效率提高到20%或更高	TRL 4
改进的钙钛矿薄膜稳定性	提高钙钛矿器件抗性能随时间退化的技术。这些技术包括沉积钙钛矿膜的方法、密封剂涂层、接触层组合物和新型膜化学	TRL 4
改进的钙钛矿薄膜接触层	钙钛矿型光电器件中空穴选择性、电子选择性或其他材料层的改进	TRL 4
新型钙钛矿器件结构	新型钙钛矿太阳能电池器件设计利用钙钛矿层的独特特性,以提高效率和可靠性的方式制造低成本器件	TRL 4

资料来源：NREL, 高效晶体光伏, https://www.nrel.gov/pv/high-efficiency-crystalline-photovoltaics.html；钙钛矿太阳能电池, https://www.nrel.gov/pv/perovskite-patent-portfolio.html. NREL的主题专家提供了对技术成熟度的估计。

3.2.5　加州技术路线图计划

CEC最近发布的《公用事业规模可再生能源发电技术路线图》推荐了两项在加州推进太阳能光伏发电的举措。[①]

（1）现场测试串联材料光伏电池。

[①] Schwartz, Harrison, Sabine Brueske. 2020. Utility-Scale Renewable Energy Generation Technology Roadmap. California Energy Commission. Publication Number：CEC-500-2020-062.

这一举措将建立现场测试计划,以加快获得对具有前景的新技术的真实经验,如晶体硅电池上的钙钛矿薄膜电池。现场测试将证明真实环境中的设计的可行性,并提供有关退化和失效机制的信息。

(2)提高回收过程中的光伏材料回收率。

晶体硅光伏组件通常含有一定量的潜在危险材料,以及大量被金属和有机化合物污染的塑料和玻璃。经济、有效地将这些材料分离成可行的回收流是一个尚未解决的挑战。本举措旨在帮助开发创新设计、工艺和技术,以经济地回收、报废光伏组件中的大部分材料。这一举措的成功应用将大大降低光伏退役成本,而光伏退役成本将对光伏寿命和电力成本产生负面影响,但同时也能够保护环境免受有害物质处置的影响。

3.3 聚光太阳能

聚光太阳能(Concentrating Solar Power,CSP)是指大面积的反射镜将太阳能反射并集中到接收器上的系统,接收器包含将热能传递到驱动发电机的热机的流体。[①] 加州的 CSP 容量约为 1.2 GW,但开发活动目前已经停滞。

CSP 的一个优点是,白天捕获的能量可以为热能存储介质充电,然后可以在日落后用于运行发电机,从而为电网贡献价值。然而,光伏+电池存储成本的降低使 CSP 的可行性受到质疑。为了显著降低成本,需要应对一些技术挑战,包括提高 CSP 工厂运行的温度及热交换器和接收器等工厂材料的热效率。此外,通过弹性更大的材料或腐蚀性更小的传热流体来延长植物材料的使用寿命,有可能显著降低运维成本。

能源部太阳能技术办公室 2030 年的目标是,CSP 基本负荷发电厂的储能时间至少为 12 h,成本为 5 美分/(kW·h),CSP 峰值发电厂的成本目标是 10 美分/(kW·h),如果可以达成这个目标将使容量因数更低且储能时数更少。[②] 要实现这些目标,将需要在与聚光集热成本相关的系统设计方面进行创新,并使用更高的温度将电源模块转换效率提高到 50% 以上。这些进展是定日镜设计、传热和储热介质,以及动力循环效率方面的研究课题。[③]

---

① CSP 技术还可以在各种工业应用中用作热源,如海水淡化、提高石油采收率、食品加工、化学生产和矿物加工。

② 这些值是指能源的平准化成本,是基于在美国平均太阳能资源位置安装的系统。2018 年 CSP 基载电厂的成本为 9.8 美分/(kW·h)。

③ Murphy, Caitlin, Yinong Sun, Wesley Cole, Galen Maclaurin, Craig Turchi, and Mark Mehos. 2019. The Potential Roel of Concentrating Solar Power within the Context of DOE's 2030 Solar Cost Target. National Renewable Energy Laboratory. NREL/TP-6A20-71912.

2016 年,DOE 举办了一个利益相关者研讨会,根据接收器中热载体的形式,确定了下一代 CSP 工厂的三条潜在路径:熔盐、颗粒或气体。DOE 先前的分析选择了超临界二氧化碳(supercitical carbon dioxide,sCO₂)布雷顿循环作为提高 CSP 系统热电转换效率的最佳动力循环。这项技术通过使用超临界 CO_2(CO_2 保持在临界温度和压力以上,这使其在具有液体密度的情况下能依然如气体一样工作)而不是通过当今 CSP 和其他发电厂中常用的蒸汽朗肯循环系统将热能转化为电能。DOE 正在得克萨斯州建造世界上第一个也是最大的间接加热高温 sCO_2 测试设施(10 MW)。[1]

研讨会制定了解决研发差距并确定其优先顺序的路线图。[2] 表 3-2 总结了技术开发的主要领域。在每个热载体路径中,都有一些组件处于高温应用的不同开发阶段。

按照路线图,美国能源部正在资助一些项目,探索集热器、接收器、蓄热器、传热流体和动力循环子系统中的新系统设计和创新概念。[3] 美国能源部计划选择一种热载体路径,并将其扩大到示范项目。

表 3-2　集中式太阳能的技术创新

技术领域	描　述	技术成熟度
接收器中的热载体		
熔盐系统	热盐系统温度升高至约 720℃ 会带来重大的材料挑战。需要了解高温熔融盐的选择,特别是高温熔融盐对安全壳材料的影响,安全壳材料可以在高温下达到可接受的强度、耐久性和成本目标	TRL 4～ TRL 5
下落粒子	与使用流体的传统接收器不同,颗粒接收器使用由集中阳光加热的固体颗粒。加热的颗粒可储存在绝缘罐中,并用于加热动力循环的二次工作流体。尽管许多组件已经成熟,但在高温和高压下,太阳能 sCO_2 系统的独特应用带来了需要解决的独特挑战。用集中的阳光加热颗粒会对有效的颗粒加热、流量控制和抑制、侵蚀和磨损及输送带来额外的挑战	TRL 4～ TRL 5

① https://www.energy.gov/sco2-power-cycles/pilot-plant-supercritical-co2-power-cycles.

② Mehos,Mark, et al. 2017. Concentrating Solar Power Gen3 Demonstration Roadmap. National Renewable Energy Laboratory. https://www.energy.gov/sites/prod/files/2017/04/f34/67464.pdf.

③ Concentrating Solar-Thermal Power. https://www.energy.gov/eere/solar/concentrating-solar-power.

续表

技术领域	描 述	技术成熟度
接收器中的热载体		
气相	气相接收器在闭环配置中使用稳定的、中压的传热流体,以将能量传递到热存储装置和从热存储装置传递出能量。气相技术途径依赖在高压接收器内运行的惰性、稳定的气相传热流体,如 CO_2 或氦气。这一途径依赖热能储存选项,如相变材料或颗粒储存	TRL 4～TRL 5
电源循环		
超临界 CO_2 布雷顿循环	研发需求包括开发高效 CO_2 膨胀涡轮机和低成本换热器,这些换热器能够在换热器的热侧和冷侧之间的温度差小的情况下实现大的传热负荷。目标是:净热电效率大于50%;动力循环系统成本小于 900 美元/kW;40℃ 环境温度下的干式冷却散热器;涡轮机入口温度大于 700℃	TRL 4～TRL 5

资料来源:Mehos,et al.(2017 年)。

加州技术路线图计划

CEC 的实用规模可再生能源发电技术路线图建议了两项 CSP 计划,这两项计划被视为对美国能源部研发计划的补充。

(1)改进 CSP 反射镜的清洁系统。

CSP 反射镜需要高反射率才能获得良好的性能,但它们很容易被风沙和灰尘弄脏。而这种污染会大大减少电厂的能量生产,所以需要经常清洁 CSP 反射镜。改善镜面反射率维护将比目前的做法使工厂产量提高至少10%～15%,改进机械化清洁系统能够降低成本并减少用水量。

(2)用于高温热能储存的先进材料和工作流体。

本计划解决了在寻找具有足够的高温强度和耐腐蚀性的低成本安全壳材料以容纳 700℃ 下的熔融盐,和(或)在如此高温下稳定的低成本非腐蚀性流体方面所面临的关键挑战,同时允许 CSP 功率循环的效率超过50%。

3.4 风力发电

过去 20 年来,风能的增长主要是由技术进步推动的,技术进步使风力涡轮机能够以更低的成本实现更高的效率。改进措施包括设计更长的叶片和更高的塔,以从风中获取更多的能量,开发传动系统,以及使用改进的控制装置和传感器。近年来,研究重点已从单个涡轮机性能转向整体系统性能特性。

技术创新集中于开发 74 种增强的微型选址策略、改进的资源预测和风力涡轮机阵列的复杂控制系统。这些增强的技术通过促进在高风速下的更大能量捕获,以及在低风速下的经济能量捕获,扩大了可行的风力发电场的范围。

2016 年,美国能源部制定了开发下一代风能技术的行动路线图。[①] 该路线图列出了技术创新可以推动风能发展的领域(见表 3-3)。这些类别相当广泛,因此每个领域的特定技术都处于不同的成熟度水平。许多技术是商业化的,但改进技术和降低成本是可行的。

表 3-3 风能技术创新

技术领域	描 述	技术成熟度
适用于极低风速的经济高效涡轮机技术	具有高塔和大型叶片的高容量因数风力涡轮机将使风能供应的地理多样性更大,从而最大限度地减少对新输电线路的需求	中等
大型风力涡轮机	设计和制造非常大的叶片和塔架,同时克服运输和安装等后勤挑战,将大大减少满足部署目标所需的涡轮机数量	中等
高级转子	更坚固、更轻的材料使转子更大;改进空气动力学设计、新颖的转子结构、主动叶片元件、气动弹性剪裁、扫掠、降噪装置、主动空气动力学控制及顺风、低固体度转子	中等
改进的传动系和动力电子	先进的发电机设计;稀土磁体和电力电子的替代材料;通过电力电子技术改善电网支持;提高齿轮箱的可靠性	中等
高级控制系统	先进的控制系统可减少涡轮机上的结构负载,增加能量捕获,并以集成方式运行风力发电厂,以提高效率并支持电网稳定性	低
高塔架	更高的塔能够获得更高的风速,并能够实现更大的转子,这将增加给定土地面积的能量捕获,从而允许开发更低风速的场地	中等
新一代基础和安装系统	陆上和海上涡轮机都需要新的基础设计,以有效支撑更高的塔架。必须开发新的安装系统,以减轻传统起重机技术的局限性	低
改进的分布式风力发电技术	针对低到中等风力资源的优化技术设计,分布式风力应用通常位于此范围	中等
浮式风力涡轮机	经济高效的风力涡轮机技术,可部署在水深达 700 m 的水域	低

资料来源:美国能源部(2018 年)。NREL 主题专家估计的技术成熟度。

---

① U. S. Department of Energy. 2018. Wind Vision Detailed Roadmap Actions, 2017 Update. https://www.energy.gov/sites/prod/files/2018/05/f51/WindVision-Update-052118-web_RMB.pdf.

3.4.1 海上风能

在过去的 10 年里,海上风能在欧洲发展迅速,但在美国其目前正处于发展的早期阶段。海上风能的开发是在相对较浅的水域(水深小于 60 m)进行的。加州沿海风力资源的估计技术容量为 160 GW,但其中只有 9 GW 位于水深适合固定底部部署的区域。

浮式海上风力平台将允许开发比底部固定式平台速度更高和更稳定的风力资源。第一波预商用浮式风力涡轮机的设计直接采用了海上石油和天然气行业的下部结构概念,并依赖适用于陆上或底部固定海上应用的成熟风力涡轮机设计。浮式海上风电技术的下一阶段开发工作正在进行,包括预商业试验工厂、适用于浮式应用的改进型涡轮机和更先进的下部结构。成本分析表明,经济可行性需要进一步优化、创新,并扩大到商业工厂规模。

美国国家可再生能源实验室(National Renewable Energy Laboratory,NREL)的研究人员开展的建模分析表明,互补创新的有序组合将显著降低成本,这些创新可能是技术(如顺风涡轮机)、设计特点(如快速断开电缆)或安装和运营策略。[1] 研究人员描述了一项研究计划和设计方法的长期愿景,该研究计划和方法可能能够推动浮式风力发电厂实现比底部固定式海上风电更低的平准化能源成本。该方法涉及完全集成的系统工程和技术经济设计方法,以捕捉漂浮式风力涡轮机的物理、制造、安装和操作之间的复杂交互作用,它将需要工程工具来设计包含跨学科的创新技术和操作构件的系统。研究领域包括新颖的下部结构设计、新颖的锚固方法、替代材料和浮式装置控制。

ARPA-E 的 ATLANTIS(Aerodynamic Turbines Lighter and Afloat with Nautical Technologies and Integrated Servo-control)项目采用航海技术和集成伺服控制的空气动力涡轮机,该计划寻求:①通过最大化其转子面积与总质量比,同时保持或理想地提高涡轮机发电效率,设计全新的浮式海上风力涡轮机(floating offshore wind turbines,FOWT);②建立新一代计算机工具,以促进 FOWT 设计;③从完整的和实验室规模的实验中收集真实数据,以验证 FOWT 设计和计算机工具。[2]

---

① Garret Barter, Robertson, Amy, Musial, Walter. 2020. A systems engineering vision for floating offshore wind cost optimization. Renewable Energy Focus. Vol. 34, Sept. 2020, pp. 1-16. https://www.sciencedirect.com/science/article/pii/S1755008420300132#bib0025.

② Aerodynamic Turbines Lighter and Afloat with Nautical Technologies and Integrated Servo-control. https://arpa-e.energy.gov/technologies/programs/atlantis.

在加州,最近 CEC 资助的一项研究提出了优先建议,这将给加州带来成本效益高的海上风电项目。该研究确定了一些研究、开发和部署机会,以消除或减少部署的技术、制造、物流和供应链障碍;降低海上能源项目的开发风险;确定早期试点示范项目的机会。[①]

3.4.2　风能成本目标

美国能源部针对不同类型风力发电设计的最新成本目标显示,与当前水平相比,成本得到了显著降低(见表 3-4)。

表 3-4　风能成本目标(美国能源部)

平准成本/(美分/(kW·h))

年份	2020	2025	2030
陆基风力发电	3.7	3.2	2.3
底部固定海上浮式	8.6	7.0	5.0
	13.5	9.5	7.0
分布式风力发电	10.5	7.2	5.0

资料来源:美国能源部。风能技术办公室 2021—2025 财年多年计划。

3.4.3　利用超级计算推进风力发电厂

NREL 2017 年的一份报告描述了未来的风力发电厂将如何使用一系列技术,使风力发电厂和其中的涡轮机不仅能够作为一个高效、集成的系统响应大气,而且能够控制工厂内的气流,以最大化发电量。[②] 超级计算技术的最新进展使这种方法成为可能,该技术将大量大气和风力涡轮机运行数据转化为高保真模型。然后,工业界可以利用这些科学见解来设计新的风力涡轮机组件、传感器和控制器。未来的风力发电厂将包括:

(1)高保真建模和最先进的传感器,以准确估计风力发电厂的能源生产,减少不确定性,提高电力生产的可预测性;

(2)集成的风力发电厂设计、涡轮机的实时主动控制,以及提高可靠性和延长涡轮机寿命的操作策略;

(3)风力涡轮机、转子和传动系等部件的创新设计,以优化性能并增强

---

① Sathe,Amul,Andrea Romano,Bruce Hamilton,Debyani Ghosh,Garrett Parzygno. (Guidehouse). 2020. Research and Development Opportunities for Offshore Wind Energy in California. California Energy Commission. Publication Number:CEC-500-2020-053.

② Dykes,Katherine, et al. 2017. Enabling the SMART Wind Power Plant of the Future Through Science Based Innovation. National Renewable Energy Laboratory. https://www.nrel.gov/docs/fy17osti/68123.pdf.

能量捕获,包括更大的转子和更高的塔架,以捕获地球上层大气中更高的潜在风能;

(4)为电网弹性和稳定性提供可控、可调度和可预测的电网支持服务,包括为短期电网运营和规划准确预测风能产量。

NREL 估计,通过纳入这些创新,到 2030 年,风能的无补贴成本将降至 2017 年水平的 50%,相当于 23 美元/(MW·h)。

3.4.4 加州技术路线图计划

陆基风力发电是加州较为成熟的可再生能源发电形式之一,目前大多数陆基风力资源区都充斥着老旧、较小的风力涡轮机。CEC 的公用事业规模可再生能源发电技术路线图为陆基风力发电提出了两项倡议,他们专注于通过提高转换效率和降低安装成本来增加在崎岖地形上部署大型涡轮机的途径。

(1)陆上风力涡轮机的先进施工技术。

在现场组装和制造的先进施工技术使风力组件能够分解并以更易于管理的方式运输。然而,一旦被运送到现场,风力组件的组装仍然是一个挑战。许多先进的施工技术和相关技术为塔架结构的现场施工提供了便利,并可在困难环境中抬升和组装涡轮机与叶片。这些技术包括先进的起重机技术、增材制造技术和改进的螺旋焊接技术。

(2)展示提高转换效率的新叶片。

新叶片材料还可以降低低风区输出的可变性,同时增加总功率输出。这些材料可以减少应力并延长叶片的寿命。叶片的物理寿命越来越长,并将连接到更大的转子上。灵活、适应性强但坚固的叶片能够提高加州风力发电的经济性,尤其是与大型涡轮机结合使用时。

"技术路线图"建议了两项举措,重点关注开发和部署漂浮式海上风电技术的途径。研究人员利用了世界各地对浮式系统设计的研究和开发,并强调扩大规模。

(3)浮式海上平台制造试点示范。

该倡议建议加州开发本地制造能力,以实现充分展示的浮式海上风电结构的大规模部署。特定浮式海上设计的选择取决于为这些系统的组装和部署选择的相应港口位置。这种制造操作的规模、选址和物流设计需要辅以大量的研发工作。

(4)设计港口基础设施以部署漂浮式海上风电技术。

由于海上风电机组规模巨大,因此在港口需要大型起重机和充足的空间来建造、预组装风电机组并最终将其拖到海洋中。在加州部署浮式平台需要创新的港口基础设施设计。这种设计需要考虑的因素包括所用浮式平台的位置和类型。港口开发是必要的,可以通过提供一个出口来组装涡轮机组件并将其运输到海上位置,从而释放当地制造业的潜力。

CEC 路线图还建议将波浪能系统与浮式海上平台集成。虽然波浪发电的电力成本仍然很高,但浮式海上风力系统和波浪能设备之间存在协同效应。波浪和风力系统的组合可以降低混合系统的总体部署成本,从而降低电力的组合成本。

3.5　地热能

地热能是加州最大的不可变可再生能源,几十年来也一直是其能源组合的主要组成部分。然而,新系统的高成本加上现有资源的枯竭,导致加州地热容量开发停滞不前。加州用于常规地热发电的潜在附加地热容量估计为 $5\sim35$ GW,如果加上增强型地热系统(enhanced geothermal system,EGS),这个值可高达 68 GW。

传统上,地热发电仅限应用于资源相对靠近地表的地点。增强型地热系统具有更大的潜力,这是一种人造地热储层。在 EGS 中,传热介质(通常是水)被泵入地下的注入井中,并被收集在单独的生产井中,然后返回地表被加热用于发电。为了达到传热介质从注入井到生产井所需的地下渗透率,需要进行水力压裂。

地热资源在可再生能源技术中是独一无二的,因为需要大量的勘探和资本支出来定位、表征和证明资源。改善资源和场地特征是增加地热部署的关键。在探测地下信号以远程识别和表征地下属性方面需要取得更多研发进展。地热行业将受益于无创、低成本的地球物理和遥感技术的技术突破。

一旦地热资源的识别和表征达到了资本密集型开发投资的合理水平,钻井和井眼完整性方面的技术进步将在降低开发成本方面发挥关键作用。地热行业要面临具有分布的裂缝渗透率和极高温度的高强度、坚硬的岩石环境,在某些情况下还伴有腐蚀性环境。适应石油和天然气行业的技术在此可以发挥作用,但在地热特定环境中改进钻井工艺和效率的技术研发可以填补技术转移无法填补的空白。

在储层和地下工程方面需要取得重大进展,以实现 EGS 储层的成本效益创建,并在创建后维持其生产力。增强和创新的工具及技术也可以确保资源的最佳利用,改善油井寿命周期,并提高地热井的整体性能。

在可再生能源中,地热系统通常以基本负载配置运行。地热系统也在尝试灵活的运行模式,这将使其能够为电网提供爬坡能力。灵活模式的地热能生产可以带来地热生产的快速变化,例如,在几十分钟内将产量减少一半,几小时后再次恢复全部生产。将产量从(稳定)基本负荷转换为(可变)柔性产量可能会导致与井内腐蚀和矿物沉积(结垢)、井组件或储层机械损伤疲劳相关的系统发生重大变化。为了确保安全和可持续生产,需要更好地理解柔性模式生产对储层井眼系统的影响。①

表3-5列出了地热能3个领域的新兴技术创新。

改进的地下信号检测:提供对地热开发至关重要的地下特征(包括温度、渗透性和化学)有更深入理解的工具和技术。

改进地热钻井和井筒完整性:提高钻井效率和降低钻井成本的新设计及方法。

改进地热能源资源回收:使开发商能够更好地获取地热并有效地将地热带到地表的方法。

此外,还需要使开发人员能够监测和模拟地热资源的改进的方法和工具。

表 3-5　地热能技术创新

技　术	描　述	技术成熟度
改进的地下信号检测		
识别未发现资源并提高识别潜在增强地热资源能力的勘探工具	新的和创新的勘探技术和能力,以表征地下渗透性、温度和化学性质,以及没有地表表现的地区的主要地质结构和应力状态。机器学习的进步可以通过自动模式识别和数据解释来表征地下开发新的能力	TRL 3～TRL 6
改进了现有地球物理图的分辨率	改进现有的基于电阻率的地球物理方法;加强地震反射在地热环境中的应用;开发创新的地球物理技术和方法,显示出在地热环境中识别、成像和定位渗透率的前景	TRL 4～TRL 8
改进地热钻井和井筒完整性		
适应石油和天然气行业的技术	将石油和天然气行业的工具及技术部署在地热行业,可以显著提高勘探和钻井成功率	TRL 4～TRL 6
地热环境专用的新钻井技术和工具	钻井硬件(如钻头、钻柱)、钻井材料(如套管、水泥)及钻井系统和方法(如泥浆计划、推进和固井套管、创新钻井方法)方面的技术进步	TRL 2～TRL 5

① Comprehensive Physical-Chemical Modeling to Reduce Risks and Costs of Flexible Geothermal Energy Production.

续表

技　术	描　述	技术成熟度
改进地热钻井和井筒完整性		
改进油井寿命周期	新型硬化建筑材料,可承受较高温度和腐蚀性环境。一旦油井完工并投入使用,工具和系统用于监测井眼的完整性	TRL 2~TRL 5
提高地热能源回收率		
提高地热资源回收率的激励方法	改进了现有激励技术的方法。井和储层增产的创新技术和方法	TRL 5~TRL 8
改进的分区隔离技术	确保地热环境中可靠分区隔离的技术、方法和最佳实践	TRL 3~TRL 5
先进的实时裂缝映射	先进的实时集成裂缝图,使操作员能够监测储层增产的进展	TRL 2~TRL 3

资料来源:美国能源部(2019 年)。GeoVision 路线图:前进之路;DOE Golden Field 办公室主题专家估计的技术成熟度。

加州技术路线图计划

CEC 的公用事业规模可再生能源发电技术路线图建议了应用地热发电的两项举措。

(1) 改进材料,防止地热卤水腐蚀。

地热卤水的高盐度,特别是在加州的萨尔顿海地区,会使整个发电过程中使用的金属发生退化。因此,通常使用昂贵的钛合金来防止腐蚀并减少必要的维护。金属合金的进一步发展和测试可能会揭示出更低成本和更耐腐蚀的材料。

(2) 评估潜在 EGS 开发场地的先进技术。

对加州特定地区的地下地热资源进行评估,将有助于查明环境问题有限的地热生产区域,减少或消除水力压裂需要,降低钻井成本。

3.6 生物质发电

可用于燃烧的固体生物质是加州最古老的可再生能源之一,它使用多种技术和原料。自 2000 年以来,固体生物质的装机容量大致持平,约为 1 GW。

有多种用于发电的生物能源技术,分为两种主要途径:生物质的直接燃烧和生物质衍生气体的燃烧,包括沼气(主要是甲烷)和合成气(主要是一氧化碳和氢气的混合物)。沼气在厌氧消化器和垃圾填埋场及其他来源中产生。合成气可以通过气化和热解等途径从各种生物质源中产生。沼气和合成气必须升级为可再生天然气（renewable natural gas，RNG），以用于压缩气体车辆或注入管道；RNG 可与常规天然气完全互换。如果现场用于发电（取决于排放法规），原合成气和沼气不一定需要升级到相同的标准。

生物质原料的常见来源有城市垃圾、农业垃圾和残渣，以及森林残留物和间伐。原料输送的来源和安全性对于确保生物能源的持续生产至关重要。

虽然用于发电的生物能源与其他可再生资源相比技术潜力更小，[①]但它具有独特的优势，可以通过可投入化石燃料装置的产品抵消化石燃料的使用。RNG 可为燃气发电厂提供可再生燃料，用于处理与大规模部署可变可再生能源相关的快速负荷变化。

生物质能-碳捕集与封存（bio-energy with carbon capture and storage，BECCS）技术，作为从大气中去除大量 CO_2 的一种方式，在许多旨在实现 CO_2 净零排放目标的情景或途径中都发挥了突出作用。生物质热解或气化与土壤生物碳储存是另一种处于评估中的碳封存选择。欧洲的一个研究项目评估了 28 种 BECCS 技术组合。[②] 被列为需要进一步分析的 8 项技术代表了从 TRL 4（小型实验）到 TRL 6～TRL 7（演示）的广泛的技术成熟度。差异主要归因于假定的 CO_2 捕获技术。

BECCS 的两个关键问题是相对于其他土地和生物质需求的大规模部署的可持续性，以及储存捕获的 CO_2 的地质储层的可用性。潜在的 CO_2 地质储层包括盐水含水层和枯竭的油气储层。

加州技术路线图计划

CEC 的公用事业规模可再生能源发电技术路线图建议了两项生物能源计划，重点是提高沼气和合成气产量的方法。

（1）改进清洁方法以生产高品质生物质衍生合成气。

发生炉煤气净化面临着重大的技术和经济挑战。虽然已经取得了一些进展，但去除污染物的成本仍然很高，可能需要应用多种技术，具体取决于最终用途。研究领域可能包括低温催化剂、生物质灰分催化剂、减少焦油转化、解决规模化问题，以及探索预处理工艺（如热水解）以减少下游产品污染物。

----

① CEC 公用事业规模可再生能源发电技术路线图估计，如果全部技术能力被捕获，生物能源的潜在发电量可能为 21 500 GW·h，这将足以提供 2045 年 SB 100 目标的 6.6%。

② Bhave，Amit，et al. 2017. Screening and techno-economic assessment of biomass-based power generation with CCS technologies to meet 2050 CO_2 targets. Applied Energy 190 pp. 481-489.

（2）部署热水解预处理以增加沼气产量。

热水解预处理可作为厌氧消化的前体，以提高沼气产量并改善有机物质的分解过程。热水解预处理可以潜在地提高污泥脱水能力，增加甲烷产量，提高消化器负荷率，并产生可用于土地处置的生物固体。

3.7 可再生能源主导电网的构网型控制[①]

历史上，电力系统的动态行为和稳定性特性一直受大型同步电机的固有物理特性和控制响应的支配。随着可再生资源发电占电力比例的持续增长，这一情况将发生变化。这些发电资源在两个主要方面有所不同。首先，它们的规模通常比同步资源小，并通过配电系统直接连接到输电网。其次，它们主要通过电力电子逆变器连接到电力系统。

电力电子连接资源的增加，以及大型旋转机电同步发电的相关损失，迫使人们重新审视如何确保可再生资源高渗透率系统的稳定性。最近 DOE 赞助的一份报告[②]审查了为实现基于逆变器的可再生发电资源的广泛应用而必须解决的相关挑战和开放研究问题。

同步电机调节能够终端电压，并通过调整功率输出来响应电网频率的变化。它们共同构成了电力系统。相比之下，今天基于逆变器的资源以所谓的电网跟随模式运行。他们使用锁相环来测量外部电网电压，并在其控制回路中使用该测量值来控制其向电网的注入。在没有现有稳定电压信号的情况下，电网跟踪模式下的逆变器无法运行。此外，在没有同步发电机的情况下，一组并网逆变器不能独立支持微电网的运行，也不能支持停电后的电网恢复。

随着可再生资源不断取代同步发电，必须考虑其他形式的控制逆变器，以复制同步发电机固有的形成能力。这种控制逆变器的模式被称为构网控制。构网控制的研究正在进行，因为其能够提高含大量逆变器资源渗透的电力系统的稳定性。它们可以在没有同步电机的情况下运行，也可以在停电后支持微电网和大容量电力系统的恢复。

---

① 这部分来自 Ciaran Roberts，Energy Storage and Distributed Resources Division，LBNL。

② Lin，Yashen，Joseph H. Eto，Brian B. Johnson，Jack D. Flicker，Robert H. Lasseter，Hugo N. Villegas Pico，et al. 2020. Research Roadmap on Grid-Forming Inverters. National Renewable Energy Laboratory. NREL/TP-5D00-73476. https://www.nrel.gov/docs/fy21osti/73476.pdf.

DOE 报告和附带的研讨会[①]确定了为确保可再生发电的广泛应用,而必须要解决的与构网逆变器相关的 5 项研究需求和技术挑战:

(1) 频率控制;

(2) 电压控制;

(3) 系统保护;

(4) 故障穿越和电压恢复;

(5) 建模和仿真。

目前的研究项目包括对构网逆变器的非锁相环控制的设计,[②]以及带有构网逆变器的混合发电厂的实用规模验证。[③] 2021 年 9 月,美国能源部向一个新的公私合营财团拨款 2500 万美元,该财团致力于开发足以在多个州分配可再生能源的构网逆变器。

3.8   加州的战略考虑

加州拥有丰富多样的可再生能源发电资源,但不同的能源各有不同的特点,这也将影响其在该州未来电力供应中的作用。

太阳能光伏在加州的任何可再生能源类型中都具有最大的潜力,以及非常好的成本降低前景,并且具有在整个州进行安装的可行性。然而,由于电力输出随太阳的变化而增减,因此需要补充电力存储和需求灵活性,以确保在太阳能输出不足或不可用时有足够的电力。CSP 在晚上提供电力的能力可能使其成为加州有用的可再生能源,但寻求技术进步对于其与光伏+电池存储的竞争是必要的。

为了重启加州陆上风力发电的增长趋势,新兴的制造、运输和安装技术不断涌现并为克服阻碍开发商在更偏远地区建造大型涡轮机的障碍提供了解决途径。浮式海上风电平台处于早期发展阶段,但海上风电具有巨大潜力。加州海上风力资源的平均峰值发电发生在白天和晚上,这些特点与该州的太阳能资源互补。加州有可能成为全球首批海上漂浮风电基础设施制造中心之一。

---

① 2019 年 4 月 29—30 日,低惯性电力系统构网型逆变器研讨会在西雅图华盛顿大学举行。见:https://lowinertiagrids.ece.uw.edu/.

② Wang, Jing, Blake Lundstrom, and Andrey Bernstein. 2020. Design of a Non-PLL Grid-Forming Inverter for Smooth Microgrid Transition Operation (Preprint). National Renewable Energy Laboratory. https://www.nrel.gov/docs/fy20osti/75332.pdf.

③ Renewables Rescue Stability as the Grid Loses Spin.

　　能够限制腐蚀并进入地热开发新领域的新技术将使地热能可以提供更多可靠的能源,同时需要发展其作为灵活资源的能力。部分石油和天然气行业对地热能源的兴趣越来越大,并且可能将加州部分石油和燃气生产转变为地热资源勘探和生产。

　　生物质可以为加州电网提供一些可调度的电力,但 RNG 也可能在其他行业中使用,因此评估如何最佳分配可用资源将非常重要。

　　潜在的创新将改善所有可再生技术的前景,但太阳能光伏技术的进步有可能使该技术成为迄今为止成本最低的能源供应来源。然而,为了在严重依赖这种可变资源的情况下保持可靠性,开发具有成本效益的电力存储容量和可调度的低碳电源至关重要。

第4章 电网储能

4.1 本章引言

　　随着来自太阳能光伏和风能等可变能源的电力份额的增加,储存大量可再生电力的能力变得越来越重要。存储不仅有助于保持电网的可靠性,还可以显著提高可再生电力的价值,减少限制,从而提高部署大量可再生能源的经济性。

　　在加州和其他地方,使用锂离子电池和可再生能源发电的大型储能项目的装置数量正在增加。这些电池可以方便地部署在任何地方,具有较高的往返充放电效率,并且其成本正在稳步下降。目前的电力储存项目通常可提供长达 4 h 的储存时间,但锂离子电池可能可以提供长达或超过 12 h 的储存时间。[①]

　　持续时间在 10 h 以下的电力储存可能足以确保系统的可靠性,直到可变可再生发电的份额远高于当前的状态。根据加州地区的特点,每年 50%~80% 的太阳能和(或)风能是可行的,此时储存时间不大于 10 h。[②] 然而,若要实现可再生能源渗透率超过 80%,则需要大量的持续时间在 10 h 以上至数百小时以下的储存电力和(或)灵活的(确定的)低碳发电。

　　电力系统建模表明,与仅使用较短持续时间电池的风力或太阳能系统相比,引入长持续时间(大于 10 h)电力存储显著降低了系统总成本。[③] 长时

---

① 时间指存储系统在额定功率下能够放电的时间。

② Albertus,Paul,Joseph Manser,Scott Litzelman. 2020. Long-Duration Electricity Storage Applications,Economics,and Technologies. Joule,Vol. 4,22-32.

③ Dowling,Jacqueline, et al. 2020. Role of Long-Duration Energy Storage in Variable Renewable Electricity Systems. Joule,Vol. 4,1-22.

电力储存(long-duration electricity storage,LDES)可最大限度地减少昂贵的短期储存成本,这些储存可用来补偿太阳光的昼夜循环,且能够减少发电量的过度增加,否则将无法补偿太阳辐射的季节性变化。此外,LDES 可以在极端天气事件和野火不断增加的情况下增强电网弹性。

4.1.1 不同储能持续时间的作用

NREL 最近的一份报告描述了电力储存部署的 4 个阶段,且每个阶段的持续时间在逐渐延长。[①]

目前正在进行的第 2 阶段的特点是部署 2～6 h 放电时间的电力存储,并作为峰值容量。这些存储资产的大部分价值来自对传统峰值资源的替代,但它们也可以从能源供应的时间转移或能源套利中获得价值。

第 3 阶段不太明显,但特点是成本更低,技术改进,使存储在服务更长时间(6～12 h)的高峰时具有成本竞争力。这一阶段的储存可能会提供额外的价值来源,如传输延迟和太阳能及风力发电的额外时间偏移,以解决昼夜供需不匹配问题。

第 4 阶段描述了一个可能的未来,在该阶段中,持续时间从几天到几个月的电力储存用于在电力部门实现非常高水平的可再生能源(大于 80%)利用,或作为多部门脱碳的一部分。

最近的研究使用了详细的长期电力系统规划模型,在多个场景中探索了 5 个通用 LDES 参数的数千种组合,结果表明,LDES 系统的存储时间应大于 100 h,以最大化 LDES 系统价值并降低总电力成本。[②] 研究人员指出,虽然在技术经济上适用于 10～24 h 持续时间的技术可以作为现有锂离子电池技术的有益补充,但 LDES 需要更长的持续时间才能对低碳电力系统的成本和组成产生重大影响。

4.1.2 电力储存的成本考虑

存储技术的前期资本成本可以用比功率成本来描述,比功率成本是指

---

① Denholm,Paul,Wesley Cole,A. Will Frazier,Kara Podkaminer,and Nate Blair. 2021. The Four Phases of Storage Deployment: A Framework for the Expanding Role of Storage in the U. S. Power System. National Renewable Energy Laboratory. NREL/TP-6A20-77480. https://www. nrel. gov/docs/fy21osti/77480. pdf.

② Sepulveda,N. A. ,J. D. Jenkins,A. Edington,D. S. Mallapragada,and R. K. Lester. 2021. The design space for long-duration energy storage in decarbonized power systems. Nature Energy,6,506-516. https://doi. org/10. 1038/s41560-021-00796-8.

随着能量移入或移出存储(如 kW)的速率变化而变化的成本部分,而比能量成本是指与可存储的能量(如 kW·h)成比例的成本部分。如图 4.1 所示,较短持续时间的存储技术(如电池)每千瓦·时的成本相对较高,而较长持续时间的技术虽然每千瓦的成本较高,但每千瓦·时的费用较低。[①] 长期电力系统建模表明,能量容量成本是 LDES 系统价值的最大驱动因素。

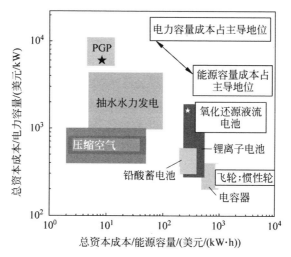

图 4.1　按容量划分的储能技术资本成本(见文后彩图)

资料来源：Dowling,et al.(2020 年)

如图 4.1 所示,每种存储技术的总资本成本(按容量)用一个框表示,该框表示文献中的一系列值。高度表示典型系统的资本成本除以装机容量的范围,宽度表示典型系统资本成本除以可用储能容量的范围。PGP(power to gas to power)表示功率到气体(如氢气)到功率。

年排放量的持续时间和数量对存储系统的经济可行性的成本目标有很大影响。最近的一项研究使用贴现现金流框架来估算可接受的装机能源资本成本,从 100 h(50%往返效率)仅几美元每千瓦·时到 10 h(80%往返效率)约 75 美元/(kW·h)。然而,该项研究的作者指出,储能的价值主张的广度,以及电力市场中存储估值的不断演变,使得很难建立一套单一的技术和经济指标,如果得以实现,将使 LDES 技术可以大规模部署。他们还注意到,由于电网包含了较大比例的可变能源,容量和辅助电网服务(如频率和电压调节)的价值可能会对储能项目的经济可行性产生巨大影响。

---

　　① 每千瓦时的资本成本不同于每千瓦时的平准化存储成本。存储的平准化成本是存储资产的资本和运营成本,以及在其使用寿命内的运营概况和能源输出的函数。

美国能源部最近发布了一份"储能大挑战路线图",列出了积极的成本目标,重点关注具有巨大增长潜力的大型市场。[①] 长时固定应用的目标是使存储成本达到 0.05 美元/(kW·h),这将有助于存储在广泛用途中的商业可行性。为了使国内制造商能够开发具有成本竞争力的技术,需要降低运营成本和制造成本。支持 LDES 技术的高级研究项目机构能源部(Advanced Research Projects Agency-Energy,ARPA-E)的电能存储持续时间增加(duration addition to electricty storage,DAYS)计划的目标也是在整个存储持续时间范围内实现 0.05 美元/(kW·h)的平准化成本。[②]

2021 年,美国能源部制订了"长时储能攻关计划"(long duration storage energy earthshot initiative),该计划旨在将电网规模的储能成本降低 90%(从 2020 年的锂离子电池基线算起),以用于在 10 年内持续时间超过 10 h 的系统。[③] 长时储能攻关将考虑所有类型的技术,无论是电化学、机械、热、化学载体或任何组合,都有可能达到必要的持续时间和成本目标。具有不同成本、效率、设计特点和选址限制的存储选项的多样性可能会导致相关互补技术占据商机。

4.2　电化学存储技术(电池)

电化学存储系统使用电化学反应来转换和存储能量,包括一系列电池化学和设计。在许多位置安装电化学存储系统的能力是该技术的最大优势之一。电化学储能技术往往具有相对较高的能量容量成本(美元/(kW·h)),但锂离子电池的成本一直在稳步下降,主要是由于汽车用锂离子电池的大规模生产。

4.2.1　高级锂离子电池和锂供应

锂离子电池预计将在短期和中期存储方面保持优于其他存储技术的成本优势。[④] 美国能源部正在支持几种新型锂离子技术(如硅阳极、固态电解

---

① U. S. Department of Energy. December 2020. Energy Storage Grand Challenge Roadmap. https://www. energy. gov/energy-storage-grand-challenge/downloads/energy-storage-grand-challengeroadmap.

② Duration Addition to electricitY Storage (DAYS) Overview. https://arpae. energy. gov/sites/default/files/documents/files/DAYS_ProgramOverview_FINAL. pdf.

③ Long Duration Storage Shot. https://www. energy. gov/eere/long-duration-storage-shot.

④ Schmidt,Oliver,Sylvain Melchior,Adam Hawkes,Iain Staffell. 2019. Projecting the Future Levelized Cost of Electricity Storage Technologies. Joule, Vol. 3, Issue 1, pp. 81-100. https://www. sciencedirect. com/science/article/pii/S25424351183058 3X?via%3 Dihub.

质、锂金属)的研发工作,以在 2028 年实现成本低于 100 美元/(kW·h)的目标,最终目标为 80 美元/(kW·h)。虽然大部分研发更多地集中在满足电动汽车的需求上,但其他技术创新可以开发出更适合电网存储的更强劲的电池。

锂离子电池需求的快速增长带动了对新型正极材料的研究。最近,具有阳离子无序岩盐型结构的锂过渡金属氧化物已经成为潜在的高能量密度阴极。当用过量的锂制备时,这些化合物可以是合理的离子导体和电子导体,这一认识导致了对该结构空间中大量成分的研究。[1] 许多阳离子无序岩盐阴极已显示出非常高的比容量和能量密度,远远超过市售的层状锂过渡金属氧化物阴极。

锂提取和精炼目前涉及多个工艺步骤,由于这些工艺步骤需要使用大量试剂,因此需要管理大量废物,又由于能源效率低,从而导致锂提取的总体成本较高并带来了负面环境影响。将科学研究、工程创新、制造和工艺改进相结合的多学科研发工作可以改善现有资源加工的经济性和环境足迹,同时允许使用商业上尚不可行的新锂源。

锂离子电池在汽车电气化和电力存储方面的关键作用促使人们对美国国内锂供应的发展产生了兴趣。最近的估计表明,加州的帝国县,萨尔顿海地热资源区的所在地,可以满足当今全球 1/3 以上的锂需求。[2] 考虑到发展国内锂供应链的潜力,《加利福尼亚州议会法案 1657》授权 CEC 在加州组建锂开采蓝带委员会,负责"审查、调查和分析加州锂提取和使用方面的某些问题及潜在激励措施⋯⋯"。"锂谷"愿景的一个独特方面是作为地热能源副产品生产锂的潜力。锂谷的发展将为该地区带来巨大的就业机会,并将其扩展到电池制造的协作地。

加州预计将开展一系列活动来开拓这一资源并开发"锂谷"。对于美国西部发现的非常规资源,特别是萨尔顿海地热卤水,需要在节能锂分离和净化方面取得技术进步。[3] 从地热卤水中直接提取锂的最成熟技术属于固体吸附剂领域。冠醚溶剂萃取是开发直接锂提取技术的一个有前途的领域,

① Clement,R. J. , Z. Lun, G. Ceder. 2020. Cation-disordered rocksalt transition metal oxides and oxyfluorides for high energy lithium-ion cathodes. Energy Environ. Science,13,345-373. https://pubs. rsc. org/en/content/articlehtml/2020/ee/c9ee02803j.

② Alston, Ken, Mikela Waldman, Julie Blunden, Rebecca Lee and Alina Epriman. 2020. Building Lithium Valley. New Energy Nexus. https://www. newenergynexus. com/wp-content/uploads/2020/10/NewEnergy-Nexus_Building-Lithium-Valley. pdf.

③ Stringfellow,William and Patrick Dobson. 2021. Technology for Lithium Extraction in the Context of Hybrid Geothermal Power. PROCEEDINGS,46th Workshop on Geothermal Reservoir Engineering,Stanford University,Stanford,California,February 15—17,2021.

但需要开展基础研究和应用研究来推进和验证该技术。冠醚技术尚未针对地热卤水进行验证,但如果该技术能够得到验证,则有可能减少对大量预处理工作的需求并简化提取过程。其他有前途的低技术成熟度的技术包括离子印迹聚合物和环状硅氧烷。

各种研究小组正在探索有效地、选择性地提取锂的方法。其中包括使用可再生和可回收的氢锰氧化纤维素膜来吸收锂,使用钠超离子导体(sodium super ionic conductor,NASICON)固态电解质作为锂提取的选择性膜的太阳能电解技术,以及基于锂离子电池正极材料的电化学过程。

4.2.2 液流电池

液流电池,或氧化还原液流电池(经过还原-氧化),是一种电化学电池,其中化学能由溶解在系统内液体中的两种化学成分提供,并被膜或多孔分离器分离。电化学能量通常储存在外部电解质槽中的两个可溶氧化还原偶中。在它所容纳的化学组成方面,基本设计是灵活的。

液流电池对电网应用很有吸引力,因为它的功率和能量容量可以分开设计。系统的功率(kW)由电池的大小和堆叠中的电池数量决定,而储能容量(kW·h)则由电解质的浓度和体积决定。从几个小时到几天的存储,能量和功率都可以很容易地进行调整。与传统的容器式充电电池相比,氧化还原液流电池还具有较长的操作寿命,具有深度放电、增强日历寿命、简化制造和改进安全特性的性能,但体积能量密度较低。

尽管多种类型的传统液流电池化学材料已经证明了电池性能得到了显著改善,但下一代系统似乎将使用与目前不同的材料。[①] 可以降低成本的途径包括使用固有的低成本材料,以及可以显著提高能量密度(W·h/L)和(或)功率密度(W/m²)的材料。而这可能需要使用成本较低、易于合成、具有氧化还原活性的有机分子,或者克服固有地球资源充裕材料的限制。目前研究人员正在寻求水和非水两种选择。

研究人员已经开发出一种使用极低成本材料的呼吸式水硫电池。他们认为,在目前实验室结果的基础上,适当降低堆叠电阻将使电力成本达到1000~2000美元/kW。在这个电力成本下,估计一天的能量容量成本约为100美元/(kW·h),一周的能量容量成本约为30美元/(kW·h)。[②] 研究

---

① Perry,Michael L. Adam Z. Weber. 2016. Advanced Redox Flow Batteries:A Perspective. Journal of the Electrochemical Society, 163 (1), A5064-A5067. https://doi. org/10.1149/2.0101601jes.

② Li,Zheng, et al. 2017. Air-Breathing Aqueous Sulfur Flow Battery for Ultra low-Cost Long-Duration Electrical Storage,Joule 1,306-327.

人员指出,通过开发低成本、低电阻的薄膜和非铂族金属催化剂,电池的可扩展性和成本可以显著提高。

美国能源部能源创新中心储能研究联合中心一直在研究利用溶解或悬浮氧化还原物作为储能流体的非水基液流电池。[①] 非水电解质使电化学稳定性窗口更宽,这从能量密度和细胞电压的角度看都是有利的。然而,非水电解质也有缺点,如较高的溶剂成本,较高的黏度和较低的离子电导率。

LBNL 的研究人员已经与合作伙伴合作,探索不同的氢基液流电池化学成分,包括铁离子/氢、[②]氢/溴[③]和氢/铈[④],而且每一种都在世界不同地区得到了商业化。假设腐蚀等缺陷得到改善,这些电池化学物质可以在水溶液条件下发生容易实现的反应,因此具有可能的低成本优势。

使用锌-空气化学的液流电池是另一种有前途的方法。锌空气电池具有能量密度高、工作温度低、效率高、操作安全等优点。[⑤] 与其他金属阳极相比,锌是一种价格低廉、储量丰富且无毒的元素,在水环境中具有较高的稳定性。加拿大一家公司正在商业化锌-空气液流电池,其具有 8 h 电存储时长。[⑥]

ARPA-E 的 DAYS 项目正在资助几种适合长时间存储的新型液流电池设计:[⑦]

(1)水溶液硫体系(如上所述)。

(2)锌溴电池的新方法。利用锌和溴在电池中的行为方式,该电池无需在充电时使用分离器将反应物分开,并允许所有电解质存储在一个槽中,而不是多个电池。

(3)一种新的液流电池化学方法,使用廉价和容易获得的硫锰基活性材

---

① Trahey,Lynn, F. Brushett, N. Balsara, G. Ceder, L. Cheng, et al. 2020. Energy storage emerging:A perspective from the Joint Center for Energy Storage Research. PNAS 117 (23) 12550-12557.

② Tucker,Michael C., Venkat Srinivasan,Philip N. Ross,Adam Z. Weber. 2013. Performance and Cycling of the Iron-Ion/Hydrogen Redox Flow Cell with Various Catholyte Salts,Journal of Applied Electrochemistry,43,637-644.

③ Cho,Kyu Taek,Michael C. Tucker,Adam Z. Weber. 2016. A Review of Hydrogen/Halogen Flow Cells,Energy Technology,4,655-678.

④ Tucker,Michael C., Alexandra Weiss,Adam Z. Weber. 2016. Improvement and analysis of the hydrogen cerium redox flow cell,Journal of Power Sources,327,591-598.

⑤ Abbasi,Ali,et al. 2020. Discharge profile of a zinc-air flow battery at various electrolyte flow rates and discharge currents. Scientific Data. https://www. nature. com/articles/s41597-020-0539-y.

⑥ 新型锌空气电池比锂离子电池更便宜、更安全、更耐用。

⑦ Duration Addition to electricitY Storage (DAYS). https://arpae. energy. gov/sites/default/files/documents/files/DAYS%20Project%20Descriptions%20FINAL. pdf.

料。技术的发展旨在克服系统控制的挑战和两种活性物质通过流膜之间不必要的交叉活动。

表 4-1 列出了一些有前途的液流电池技术创新。

表 4-1　液流电池的技术创新

技　术	描　述	技术成熟度
空气呼吸水硫电池	一种利用水基溶液中低成本和高丰度硫的长时间能量储存系统	TRL 4～TRL 5
氢基液流电池化学	假设腐蚀等缺陷得到改善,这些电池化学物质在水溶液条件下提供容易实现的反应,具有可能的低成本优势	TRL 3～TRL 5
硫锰流电池	技术的发展旨在克服系统控制的挑战和两种活性物质通过流膜之间不必要的交叉活动	TRL 2～TRL 4
锌溴电池	这种电池不需要在充电时用分离器将反应物分开,并允许所有的电解质储存在一个单一的槽中	TRL 5
基于氧化还原剂的液流电池	利用溶解或悬浮的氧化还原剂(氧化还原活性有机单体、低聚物、聚合物和胶体)作为电荷存储流体的非水性液流电池	TRL 2～TRL 3
尺寸选择聚合物膜	固有微孔聚合物是一类新型纳米多孔膜,能够在氧化还原液流电池中筛选氧化还原剂。这些潜在廉价的聚合物膜可以被功能化,以实现电荷选择性及尺寸选择性	TRL 2

注:来自 LBNL 主题专家估计的技术成熟度。

4.2.3　电网储能用其他电池

固定电池的要求与电动汽车中使用的动力电池的要求截然不同。长循环寿命(大于 8000 次全循环)、低成本和高能效(系统级大于 90%)是需要考虑的最重要参数。钠离子电池和钾离子电池依赖天然丰富的钠和钾资源,可能在固定应用(如电网)的成本方面具有显著优势。[①]

美国能源部正在支持用更丰富的钠取代锂离子电池技术中传统材料的研究,同时保留锂离子制造工艺。由于钠离子相对较重,能量密度低于锂离子,但与车辆应用相比,固定存储应用对高能量密度的需求较少。研发的重点是确定材料和电池化学成分,使钠基系统具有与当今锂离子电池相当的

---

① Tian, Yaosen, et al. 2021. Promises and Challenges of Next-Generation "Beyond Li-ion" Batteries for Electric Vehicles and Grid Decarbonization. Chemical Reviews 2021, 121, 3, 1623-1669. https://doi.org/10.1021/acs.chemrev.0c00767.

生命周期性能,同时消除锂的成本和供应链限制。

　　表 4-2 列出了电网应用中考虑的两种电池类型。钠硫和钠金属卤化物(或 Zebra)电池使用熔融钠阳极,需要特殊的电池结构和高温才能工作。目前正在为电网规模应用开发的一种有前途的锌基化学物质基于传统的锌锰氧化物碱性电池。对化学物质的改变使得电池能够进行可逆充电。如果再加上预计材料成本低于 20 美元/(kW·h)、保质期长及美国已建立的制造供应链,这些电池将成为低成本电网存储的潜在候选者。

表 4-2　电网应用中其他电池的技术创新

技　　术	描　　述	技术成熟度
基于金属钠	研究人员正在研究新型金属卤化物化学物质和设计,其工作温度在 150～200℃。这种较低温度的操作能够使用成本较低的材料和可大规模生产的制造工艺	TRL 8～ TRL 9*
锌锰氧化物	这种化学物质使用锌阳极和氧化锰阴极,经过修饰,可以对电池进行可逆充电。研发重点是提高材料利用率和开发成本更低的材料	TRL 4

　　* 基本技术相对成熟,但仍在寻求改进。

　　资料来源:美国能源部(2020 年 12 月)。LBNL 主题专家估计的技术成熟度。

4.3　化学存储技术

　　化学储能包括氢和其他能量密集型化学品。最突出的化学存储技术涉及氢气(H_2)。在用于电网应用的氢能源储存中,氢气通过电解产生,然后储存在储罐、管道或地下洞穴中,最后用于燃料电池或联合循环发电。

　　氢能存储系统的一个优点是,存储容量可以独立于功率和氢生产速率进行缩放。氢气可以大量储存在地下,就像如今储存天然气一样,例如,含水层和枯竭的天然气储层为季节性储能提供了机会。在自然灾害和极端天气日益加剧的最坏情况下,氢作为一种多日储存资源,可以为电网提供无碳支持。

　　与其他储电技术相比,氢能存储的一个优势是可以灵活地将产生的氢气部署到其他市场和客户中,从而为系统增加价值。此外,一些电解槽的快速响应时间可以提供电网服务,包括电压稳定和频率稳定。

　　目前,氢气生产、储存及利用的基础设施和技术在成熟度与成本方面都不同。将氢气用于电力储存只是推动氢气技术发展的应用之一。[1] 欧洲、亚

---

　　[1]　概述氢在多个能源部门的生产、运输、储存和利用潜力,见:Ruth,Mark,et al. 2020. The Technical and Economic Potential of the H_2 @ Scale Concept within the United States. National Renewable Energy Laboratory. https://www.nrel.gov/docs/fy21osti/77610.pdf.

洲和美国正在对用于氢气生产、运输、储存和利用的大型系统进行验证。虽然其中的主要部件已经足够先进，可以进行上述工作，但需要通过技术改进和规模经济持续降低成本，以支持市场采用。

4.3.1 制氢

电解槽利用电将水分解成氢气和氧气。根据工作温度范围，可将其大致分为低温或高温两种类别。

低温电解通常在100℃以下操作，包括液碱、质子交换膜(proton exchange membrane，PEM)和阴离子交换膜(anion exchange membrane，AEM)技术。液碱电解系统已经建立了100多年，并拥有庞大的生产基地。它们对于一般用途的大规模氢气生产具有成本优势，但对于电网上不断变化的电力需求其灵活性有限，并且不能用于对氢气进行内部加压。

PEM电解槽技术提供了高电流密度、减小的占地面积、比碱性电解槽更高的效率及固有的电化学氢压缩。与碱性电解相比，PEM电解具有快速响应可再生发电典型波动的优势。PEM电解以用于驱动反应的每单位电产生的氢气(较高的热值)计算，其在工作应用中的效率约为80%。耐久性估计约为40 000 h。PEM电解槽目前可应用于兆瓦级，但仍需继续研发以降低成本，提高效率和耐久性。

AEM电解使用阴离子交换膜代替传统隔膜。与PEM电解相比，AEM电解的一个主要优点是用低成本的过渡金属催化剂代替传统的贵金属电催化剂。[1] 该流程在较小规模生产上也很有效，因此可能适合分散应用。AEM电解技术处于早期发展阶段。若该技术想要得到进一步的发展，需要进行基础研究和应用研究、技术开发和技术集成，以及实验室规模的小型演示单元测试，这些单元可用于验证技术的有效性(从目前的 TRL 2～TRL 3到 TRL 4～TRL 5)。[2]

高温电解通常在550℃以上运行，使用电和热产生氢气。热量需求意味着该技术比可再生能源更适合核能等热能发电。正在开发的领先高温电解技术利用固体氧化物电解池(solid oxide electrolysis cells，SOECs)，其具有

---

[1] Vincent, Immanuel and D. Besarabov. 2018. Low cost hydrogen production by anion exchange membrane electrolysis: A review. Renewable and Sustainable Energy Reviews. Vol. 81, Part 2, pp. 1690-1704. https://www.sciencedirect.com/science/article/pii/S1364032117309127#!.

[2] Miller, Hamish, et al. 2020. Green hydrogen from anion exchange membrane water electrolysis: a review of recent developments in critical materials and operating conditions. Sustainable Energy Fuels, 4, 2114-2133. https://pubs.rsc.org/en/content/articlelanding/2020/se/c9se01240k#! divAbstract.

更高效制氢的优势。性能和耐久性的改善,以及不断付出的努力,使得在过去 10 年中,天然气生产能力增加了数百倍,第一批与工业相关的 SOEC 工厂得以投产。[①] 由于高工作温度会导致活性材料的快速降解和系统部件的失衡,因此延长寿命是当前该技术研究的一个关键目标。

电解槽技术创新的关键领域是使用廉价和丰富的可用材料的新型催化剂,改进膜电极组件和多孔传输层,以及通过先进涂层保护双极接触板。液碱技术将得益于更高的电流密度操作环境和更高的效率,而 PEM 技术将得益于更薄的膜和贵金属催化剂还原技术。

美国 DOE 赞助的来自下一代水电解器(H₂ form the next-generation of electrolyzers of water,H2NEW)的 H₂ 联盟将开展研发工作,以实现价格合理的电解器的大规模生产。H2NEW 将专注于材料和组件集成、制造和规模扩大,以帮助大型行业部署耐用、高效和低成本的电解槽用于制氢。

电解槽的先进制造工艺也逐渐受到更多关注。[②] 在新兴的制造技术中,卷对卷涂层、用于生产燃料电池和电解槽堆中某些部件的增材制造技术,以及堆组装线的自动化为获得更高的生产量和更低的部件成本提供了潜在的解决方案。

在长期研究方面,美国能源部资助的 HydroGEN 联合企业正在研究下一代先进的水裂解技术,包括 EM 电解器、光电化学水裂解、质子导电陶瓷 SOECs 和太阳能热化学生产。[③] 其中每一种技术都处于 TRL 1~TRL 3 阶段,因此需要能够提高效率和耐久性的新材料,但这些技术也具有直接利用可再生资源制造氢气的前景。

4.3.2 储氢

尽管氢气具有传统燃料中最高的能量含量(按质量计),但其气态形式的体积能量密度较低,这使得储存氢气具有挑战性。传统的储存依赖高压罐和(或)液化技术,但这会导致高能量损失。

大规模储氢选项:

(1)氢气可以以纯分子形式储存为气体或液体,而不会与其他材料发生

---

① Hauch A. et al. 2020. Recent advances in solid oxide cell technology for electrolysis. Science 09 Oct 2020:Vol. 370,Issue 6513. https://science. sciencemag. org/content/370/6513/eaba6118.

② Mayyas,Ahmad,Margaret Mann. 2019. Emerging Manufacturing Technologies for Fuel Cells and Electrolyzers,Procedia Manufacturing 33 (2019) 508-515. https://doi. org/10. 1016/j. promfg. 2019. 04. 063.

③ HydroGEN:Advanced Water Splitting Materials. https://www. h2awsm. org/.

任何物理或化学键合；

(2) 分子氢可以被吸附到材料上或材料中，由相对较弱的物理键保持；

(3) 原子氢可以作为金属氢化物或化学氢化物进行化学键合(吸收)；

(4) 转化为作为载体的化合物。

最广泛使用的储氢溶液能够将压缩气体容纳在金属容器中。虽然在金属容器中大规模储存氢气的经验很少，但对于天然气而言，这是一种相对普遍的做法，且同样类型的容器也可用于储存氢气。对于储存数百吨氢气的大型储罐而言，研究人员正在研究适应燃料供应要求的新型设计、材料和控制技术。然而，目前地表氢储存设施的储存和排放能力有限。

地下岩层是储存大量氢气的一种选择。盐穴具有低施工成本、低泄漏率及较快的抽取和注入速率。然而，它们在地理上受限于具有合适厚度和范围的蒸发岩层的存在。多孔含水层和枯竭的碳氢化合物储层能够提供的储存容量比盐穴大几个数量级，并为大规模储氢提供了地理上更独立和灵活的解决方案。但是，为了在多孔介质中实现大规模地下储氢，需要解决一系列科学问题，包括地下储层中氢的流体流动行为、引入氢引起的地球化学反应、过量氢引起的生物反应，以及储层和盖层对循环注入和抽取操作的地质力学响应。[①]

其他氢气储存技术仍处于相对早期的发展阶段。大部分研究活动是在美国能源部资助的氢材料高级研究联盟(Hydrogen Materials Advanced Research Consortium，HyMARC)的研究下进行的。[②] 对于金属氢化物，化学键比氢吸附所涉及的物理键强得多，这使得氢即使在环境条件下也能以高密度储存。然而，释放化学键合的氢需要更多的能量。化学载体需要有效的催化剂来放入氢气和取出氢气，但在正常条件下氢气通常呈现为液体状态，这使得氢气的运输和储存步骤，以及在脱氢和氢化过程中的传热和传质活动得以简化。大规模储存和运输兼容的液态化学氢载体可以为常见的化合物，如氨和甲苯。物理吸收系统，如高度多孔的金属有机框架，可以在比传统的气体储存更低的压力下储存氢气，但仍然需要研发出高效和经济的储存方法。

4.3.3　电转换

利用联合循环燃气轮机和燃气轮机或燃料电池技术可以实现将储存的

---

① Heiemann，Niklas，et al. 2021. Enabling large-scale hydrogen storage in porous media-the scientific challenges. Energy Environ. Sci.，Issue 2，2021. https://pubs. rsc. org/en/content/articlelanding/2021/EE/D0EE03536J # !divAbstract.

② https://www. hymarc. org/.

化学能转换为电能。最近,全球发电行业的主要参与者将更多的注意力集中在氢涡轮机上,特别是当用于大规模发电时。工业界已开发出可以提高可燃烧氢气浓度的材料和系统,最终转化效率能够达到100%。[①] 尽管有许多问题需要解决,但氢涡轮机很可能是大规模氢能到天然气发电项目的首选技术。[②]

根据技术的不同,燃料电池系统可以以40%～60%的效率发电。燃料电池运行时的噪声小,活动部件较少。聚合物电解质膜燃料电池通常在约80℃的温度下运行,能够快速响应变化的负载,使其可以适用于需要快速启动时间或必须对可变负载做出反应的分布式发电、备用或便携式电力应用。固体氧化物燃料电池能够在高得多的温度(通常为800～1000℃)下运行,并且可能更适合在具有污染物和CO浓度较高的模块化及公用事业规模的固定电力系统中使用。它们可以以更高的效率运行,但这种运行不是动态的,需要长时间地启动和关闭。虽然这些挑战可以通过新一代金属支撑电池来克服,但此类研究仍处于较低的TRL水平。

加州大学欧文分校国家燃料电池研究中心编制的《加州固定燃料电池路线图》中设想,在中期内,分布式固定燃料电池系统可以运行,以支持整个公用电网网络的容量和分配延迟;能够更换燃烧系统,并提高网络高度利用可再生能源发电的可靠性和稳定性。基于成本的降低,从长远来看,用于100 MW级大规模发电的燃料电池系统可能会被部署于中央电厂。

NREL最近的一项对长期储能和灵活发电技术的技术经济分析报告表明,与传统的固定式PEM燃料电池相比,在固定式服务中使用重型车辆PEM燃料电池可以降低发电成本,而无需因为季节性LDES的发电容量系数限制而在整个项目寿命期内频繁更换燃料电池组。报告撰写者注意到,季节性储能系统的放电时间仅为5%～10%,相当于30年使用寿命内的13 000～26 000 h,与公交车上已证明的20 000 h以上的燃料电池寿命相似。

目前有一种先进的方法是将电解和燃料电池功能结合为一个单元,称为可逆(或再生)燃料电池。离散可逆燃料电池(reversible fuel cell,RFC)系统使用单独的电解槽和燃料电池堆,将这两个过程组合成单个堆通常称为单元化可逆燃料电池(见图4.2)。在单个电池堆中执行燃料电池和电解槽

---

① 三菱日立电力系统公司宣布,到2025年,他们的氢涡轮机将能够燃烧100%的氢。

② 例如,犹他州的IPP再生项目计划将可再生能源驱动的氢气生产和盐穴中的地下储存与能够利用氢气产生840 MW净发电量的新型燃气发电装置相结合。这些涡轮机在启动时将使用30%的氢燃料,随着技术的进步,到2045年将过渡到100%的氢燃料。可调度可再生电力的主要接收方将是洛杉矶水电局。

操作具有显著降低成本、更小的占地面积和系统简化等优点。

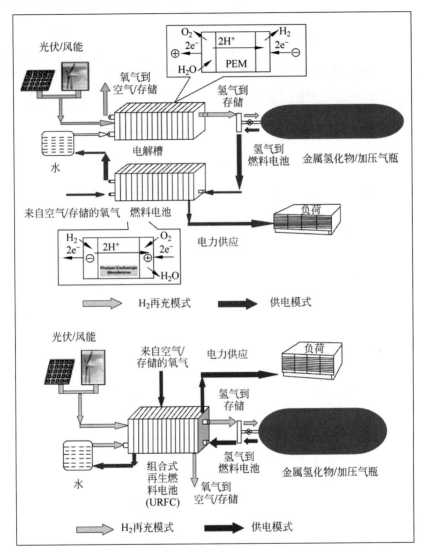

图 4.2 带存储的离散可逆 PEM 燃料电池系统(顶部)和带存储的单元化 PEM 燃料系统(底部)示意图(见文后彩图)

资料来源：Paul and Andrews(2017 年)

近期内,预计 RFC 系统将由离散电解槽和燃料电池堆组成。这些系统需要能够间歇运行的兆瓦级燃料电池。单元化催化裂化装置目前处于早期研发阶段,必须克服在两种操作模式下稳定且高效的材料可用性方面的挑战。电池、电池组和系统架构的研发工作正在进行中,这些架构能够使操作模式的切换具有灵活性和耐久性。

组合式 RFC 的一个关键挑战是获得接近离散系统的往返能效。LBNL 的研究人员最近在恒定电极配置中展示了一种优化的组合式 RFC,以空气和 O_2 作为还原剂气体分别实现了 57% 和 60% 的往返效率。这些评估表明,单元化催化裂化的主要挑战是设计出在充、放电操作模式下都能够稳定工作的催化剂层和系统,并缩短模式之间的切换时间。

4.3.4　总结

表 4-3 总结了氢电储存的创新技术。氢气作为气体或液体的储存技术,因为相对成熟,且其部署主要受到地理因素或成本问题的限制而不被包括在内。

燃烧涡轮机和传统燃料电池因为技术相对成熟也不被包括在内。

表 4-3　氢电储存创新技术总结

技　术	描　述	技术成熟度
电解制氢		
质子交换膜	PEM 系统的主要优点是高功率密度和高电池效率,提供高度压缩的氢气和灵活的操作。缺点包括铂催化剂和氟化膜材料比较昂贵,且由于高压操作和水纯度要求高,使得系统复杂性高。研发目标是通过更便宜的材料和更复杂的堆叠制造工艺降低系统复杂性与成本	早期市场
阴离子交换膜	AEM 电解的一个主要优点是用低成本的过渡金属催化剂取代了传统的贵金属电催化剂。AEM 电解需要进一步地研究和改进,特别是在其功率效率、膜稳定性、鲁棒性、易操作性和成本降低方面	低
固体氧化物电解槽	SOEC 使用固体离子传导陶瓷作为电解质,使其能够在更高的温度下运行。潜在的优点包括高电效率、低材料成本和作为燃料电池能够以反向模式操作。目前的研究主要集中在稳定现有组件材料、开发新材料及将操作温度降至 500～700℃	中等
氢气储存		
吸附在材料上或材料中	吸附储氢利用氢分子和具有大比表面积的材料之间的物理键合。通常必须施加低温和高压,以利用吸附实现显著的氢储存密度	低
金属氢化物	与金属氢化物的化学键合使氢即使在环境条件下也能以高密度储存	低

续表

技　　术	描　　述	技术成熟度
氢气储存		
化学载体	化学载体在正常条件下通常是液体,从而简化了它们的运输和储存,以及在脱氢和氢化过程中的传热和传质	低
氢转化为电		
离散可逆燃料电池	离散可逆燃料电池使用单独的电解槽和燃料电池堆	中等
单元化可逆燃料电池	组合式可逆燃料电池将电解槽和燃料电池结合在一起。单元化催化裂化装置必须克服在两种操作模式下稳定且高效的材料可用性方面的挑战	低到中等

注:技术成熟度的估计来自 LBNL 主题专家。

4.4　机械储能技术

机械存储系统使用机械方法来转换和存储电能,包括抽水、压缩空气和重力储存系统。[①] 一般来说,机械解决方案的优点是寿命长、持续时间长和技术风险低。机械存储可扩展至大尺寸,但其能量密度远低于电化学存储,由于地上系统需要更大的空间,因此可能需要开展大型土方工程或工程项目来实现可观的容量。开发新的方法可能有助于克服机械储能所面临的挑战。

4.4.1　抽水蓄能

抽水蓄能系统提供了公用事业资产规划人员寻求的长期、可靠、可预测的能量储存方式。在加州乃至全美国,抽水水力发电一直是传统的储电方式,但其受限于地理位置和下游水流的影响。

传统抽水蓄能水电(pumped storage hydro,PSH)部署的最大限制是上水库和下水库对合适的可用土地的需求。未连接到天然水源的闭环系统对环境的影响较小,选址更灵活,是未来开发中的主要技术。美国能源部的 HydroNEXT 倡议侧重于在闭环 PSH 系统的背景下降低成本、提高性能和促进环境管理。PSH 系统的往返效率(round-trip effciency,RTE)约为

---

① 本段基于 U. S. Department of Energy,Energy Storage Grand Challenge Draft. Roadmap, Appendix 3.

70%,且多年来一直在提高,美国能源部的研发工作目标是能够开发出 RTE 超过 80%的系统。

新的 PSH 设计可以减少资本投资要求,扩大选址可能性,并缩短新设施的开发时间。研究人员正在探索的一种具有新颖配置的设计方案,这种新型设计不需要地下厂房,而地下厂房是 PSH 建设中导致成本更高、风险更大、对环境影响更大的因素之一。[①] 将潜水泵水轮机安装在垂直“井”中,而不是传统的地下厂房中,可降低施工成本和项目风险,并使得在不适合建造地下厂房的地质条件下进行安装成为可能。

另一项正在开发的设计是将三元 PSH 系统与复杂的传输监控设备相结合,以解决可再生能源整合问题。三元 PSH 系统由一个单独的涡轮和泵组成,涡轮和泵堆叠(或水平安装)在单轴上,电机可以作为发电机或发动机运行。该系统可以同时运行泵和涡轮机,而其他 PSH 电厂都以发电模式或泵送模式运行。[②]

ARPA-E 正在资助一家位于加州的初创公司,该公司正在利用地表下的岩石开发一种改进的 PSH 系统。[③] 该系统将加压水泵入地下岩石的空隙中。当稍后需要能量时,围岩中的感应应变将迫使水返回发电机来发电。

4.4.2 压缩空气储能

压缩空气能量存储(compressed air energy storage,CAES)系统使用电力来压缩空气并将其存储在水库中,无论是在地下合适的洞穴中,还是在地面上的压力容器中。当需要电力时,压缩空气被加热、膨胀并通过发电机发电。

当前的 CAES 工厂在系统排放时使用化石燃料加热空气。最近的许多研究都集中在绝热 CAES 上,其中压缩机出口处的热量通过热交换器从空气中排出,然后被储存在单独的热能存储器中,之后在排放操作中用于加热冷却的压缩空气。虽然与该技术相关的文献一致指出 CAES 作为一种有前途的储能解决方案,具有很大的发展潜力,但要使绝热 CAES 成为一种可行的储能方案,需要克服几项设计挑战。最近的一项审查表明,采用整个系

---

① Novel Design Configuration Increases Market Viability for Pumped-Storage Hydropower in the United States. 2020. NREL. https://www.nrel.gov/news/program/2020/psh-ensures-resilient-energy-future.html.

② Corbus D.,et al. 2018. Transforming the U.S. Market with a New Application of Ternary-Type Pumped-Storage Hydropower Technology, Preprint. NREL. https://www.nrel.gov/docs/fy18osti/71522.pdf.

③ Duration Addition to electricitY Storage (DAYS). https://arpae.energy.gov/sites/default/files/documents/files/DAYS%20Project%20Descriptions%20FINAL.pdf.

统设计方法,将组件性能与整个系统的可行设计联系起来将是非常有价值的。[①] 就部件开发而言,同时开发出口温度较高的压缩机和入口温度较低的涡轮机至关重要。

传统的 CAES 系统使用溶浸开采的盐穴进行操作,但使用具有盐丘或层状盐的地质条件进行溶浸开采以形成洞穴的情况很少。相比之下,在世界各地的沉积盆地中,孔隙空间由地下水填充,有时由石油和天然气填充的沉积岩随处可见。这些流体占据的相同孔隙空间可以提供"多孔介质"CAES 所需的体积。代表枯竭油气藏的典型多孔介质 CAES 井眼-储层系统的模拟操作验证了该方法的可行性。[②] 2017 年,PG&E 在枯竭天然气储层中证明了多孔介质 CAES 的技术可行性,但是需要进行专门的研究以减少不确定性,从而使批量存储更具经济性。这项研究可能会使研究人员广泛地重新利用枯竭的气藏进行公用事业规模的储能操作。

另一种 CAES 方法涉及专门建造的洞穴,这能够使选址更具灵活性。这种方法利用洞穴上方的水柱来在充放电期间保持静压。储热器用于捕获压缩热,以用于增加放电过程中的可用能量。一家英国公司正在推进一项低温冷却空气并将液态空气储存在绝热低压容器中的技术。这些被储存的液态空气一旦暴露在环境温度下会快速再气化,使得体积膨胀 700 倍,从而驱动涡轮机并发电。

4.4.3　重力储能系统

目前有一种新的重力储存解决方案,它利用悬浮质量的重力势能,试图延续抽水蓄能的成本和可靠性效益,而不受选址限制。这些技术的初始资本成本由质量类型、高程增益类型,以及当质量通过爬高移动和储存质量的机制来决定。最重要的度量标准是储存材料的每千克成本。

数家公司正在开发不同类型的重力式储能系统。例如,Energy Vault 的存储设备由一台 35 层的起重机和 6 个机械臂组成,周围环绕着一座由数千块再生混凝土制成的砖块组成的塔,每块砖块重约 35 t。这座工厂将使用电力来运行起重机以"储存"能量,起重机将砖块从地面上吊起然后堆放在塔顶,并通过逆转这一过程来"排放"能量。专门设计的控制软件用以确

① Barbour,Edward,Daniel Pottie. 2021. Adiabatic compressed air energy storage technology. Joule 5,1914-1920.

② Oldenburg,Curtis and Lehua Pan. 2013. Porous Media Compressed-Air Energy Storage (PM-CAES): Theory and Simulation of the Coupled Wellbore-Reservoir System. Transp Porous Med 97: 201-221. DOI 10.1007/s11242-012-0118-6.

保砖块每次都被放置在正确的位置。模块化系统能够在 8～16 h 连续放电 4～8 MW。

4.4.4　总结

表 4-4 总结了机械储能的技术创新。

表 4-4　机械储能的技术创新

技　　术	描　　述	技术成熟度
抽水蓄能水力发电	小型模块化 PSH 系统等新技术可以减少地理足迹,使兆瓦规模的 PSH 系统得以部署,而三元 PSH 系统的进步可以提高容量利用率,加快响应时间,提高效率	高
压缩空气储能	新的方法包括使用蓄热技术来捕获和再利用空气压缩过程中产生的热量,将液化空气储存在地面储罐和专门建造的洞穴中	中等到高
重力储存系统	设计利用悬浮物质的重力势能来储存能量	中等到高

4.5　高温热能储存

高温储热储能(thermal energy storage,TES)系统可以使用多余的电力将存储介质加热到高温。然后,这个过程中产生的热量可以用来发电。

在电网储能的背景下,TES 技术受到的关注较少,因为对于传统的基于涡轮的热力发动机而言,热量转化为电力的效率往往较低(35%～40%),并且成本较高。然而,将能量储存为热能可能比将电储存在电池中便宜得多,而且在非常高的温度下使用热能可以最大限度地提高发电效率。高温热能存储系统处于早期开发阶段,但具有以每千瓦·时的低成本和 50% 或更高的往返效率提供电力的潜力。

在集中太阳能热发电技术的情况下,太阳能热可用于加热 TES 材料,熔融盐。正在开发的新技术使用电力对存储介质进行电阻加热,从而实现更高的存储温度。研究人员已经探索了不同的高温存储介质,包括熔融硅和碳块。

也有人提议采用将热量转化为电能的方法。目前有一种涉及将熔融硅泵送通过一排发光管的概念设计。[①] 这种设计使用多结光伏电池将光/热转

---

① Amy,Caleb,et al. 2019. Thermal energy grid storage using multi-junction photovoltaics. Energy Environ. Sci.,12,334. https://pubs. rsc. org/en/content/articlelanding/2019/ee/c8ee02341g #! divAbstract.

换回电能,该电池可转换可见光和近红外光,如图 4.3 所示。

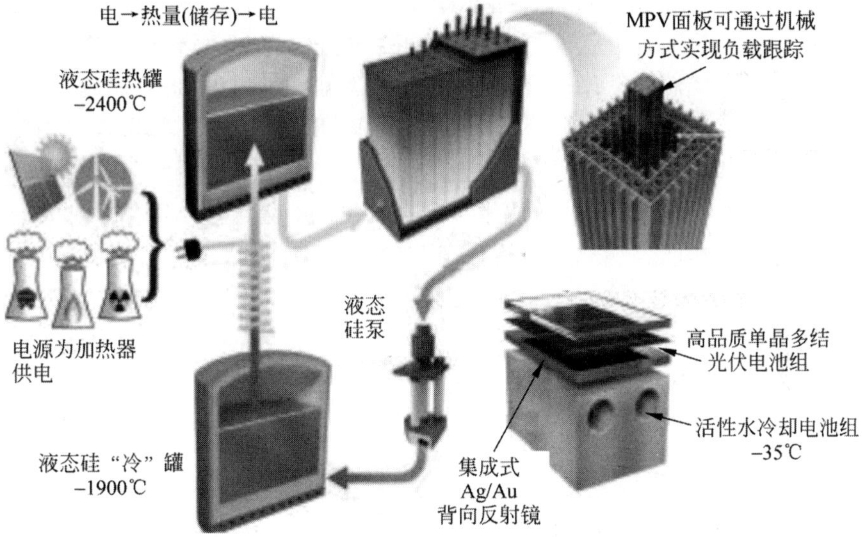

图 4.3 使用多结光伏的热能电网存储(见文后彩图)

资料来源:Amy,et al.(2019 年)

另一种正在开发的方法是将热能储存在廉价的碳块中。[①] 为了给电池充电,多余的电会通过电阻加热的方式将电池块加热到超过 2000℃(3632℉)的温度。为了释放能量,热块暴露于与传统太阳能板相似但专门设计为能够有效利用热块辐射热量的热光电板中。该系统涉及一种能够高效且持久地将高温热转化为电能的热光电热机并且将寻求通过新材料和智能系统设计来提高面板效率。

ARPA-E 的 DAYS 计划正在为几个高温热能存储系统提供资金。[②]

(1)高温、低成本热能储存系统,使用高性能热交换器和闭环布雷顿循环涡轮机发电。在充电过程中,电加热器将稳定、廉价的固体颗粒加热至 1100℃以上。为了排出系统,颗粒将通过热交换器供给,加热工作流体以驱动与发电机相连的燃气轮机。

(2)模块化储热系统,利用电力将氧化镁锰颗粒床加热至高温。一旦被加热,粒子将释放氧气并以化学能的形式储存热能。当需要电力时,系统将

---

① Solid State Thermal Battery. https://arpa-e. energy. gov/technologies/projects/solid-state-thermalbattery.

② Duration Addition to electricitY Storage (DAYS). https://arpae. energy. gov/sites/default/files/documents/files/DAYS%20Project%20Descriptions%20FINAL. pdf.

使空气通过颗粒床,开始发生化学反应,释放热量以驱动燃气涡轮发电机。

(3) 改进 Laughlin 布雷顿循环储能。当系统充电时,电动热泵将在熔盐溶液中积累热能,然后通过加热气体并将其送至发电涡轮机来排出。该系统采用可逆式涡轮设计,无论是在充气还是排气过程中,每个涡轮都充当另一个涡轮的压缩级。

(4) 使用基于 CO_2 的泵送热能存储系统的长期电能存储。该系统使用 CO_2 热泵循环,通过加热由低成本材料(如沙子或混凝土)组成的"贮液器"将电能转换为热能。"贮液器"将保留热量,这些热量将根据需要转换回电力。为了发电,液态 CO_2 将通过高温储层被泵送进入超临界状态,之后将通过涡轮机膨胀,利用储存的热量发电。

(5) 一种将热能储存在廉价碳块中的系统,并使用热光电热力机将高温热量转化为电能(如上所述)。

4.6   加州的战略考虑

加州大部分的未来可再生电力供应预计将来自太阳能光伏发电,其产量随太阳能的变化而升降。考虑到高峰需求正在向傍晚移动,因此必须储存电力以满足需求,并尽量减少光伏发电量的削减。此外,由于冬季的光伏发电量最低,如果供暖和热水的电气化普及,则季节性储存将变得更加重要。最后,长期电力储存可以在增强电网对电力供应意外短缺的弹性方面发挥关键作用。

加州储能联盟准备的一项最新研究估计,到 2030 年,若要实现加州的目标可能需要高达 11 GW 的长期电力储存,到 2045 年,需要 45～55 GW 的电力储存。[①] 分析表明,在 10 h 的范围内,电力储存可以显著减少夜间和清晨对天然气发电的需求。对于实现零碳电力行业而言,季节性能源转换的最短持续时间为 100 h 的储存是至关重要的。

NREL[②] 和其他机构对潜在储电技术的详细技术经济分析表明,依靠储能持续时间和实现的资本成本的改善,许多技术将会具有竞争力。具有不同成本、效率、设计特点和选址限制的存储选项的多样性可能会导致互补技

[①]   Strategen Consulting. 2020. Long Duration Energy Storage for California's Clean, Reliable Grid. https://www.storagealliance.org/longduration.

[②]   Hunter, Chad, et al. 2021. Techno-economic analysis of long-duration energy storage and flexible power generation technologies to support high-variable renewable energy grids. Joule 5,2077-2101. https://doi.org/10.1016/j.joule.2021.06.018.

术占据特定子区域。由于有如此多的选择，独立评估对于确定那些能够长期储存能源的技术具有实现能量容量超低成本的现实途径，以及具有竞争力的效率和电力成本的必要组合至关重要。像美国能源部长时储能攻关计划这样的倡议将提供相关信息，以帮助将研发和示范重点放在最有希望的候选者身上。

　　CEC正在对部署长期储能的不同情景的评估情况进行资助，以满足加州在2045年前实现电力行业脱碳的任务。目标是更好地理解长期储能对加州电网未来的作用，以及支持各种应用的最佳持续时间和位置。

第5章　低碳电力系统的柔性负荷管理

5.1　本章引言

在过去的20年里,加州的电力系统已经朝着一种能源资源"分布"而不是集中的结构发展。这些分布式能源(distributed energy resources,DER)包括现场发电(如屋顶光伏系统)和响应电网需求的灵活电力负载。

如前所述,加州电力系统面临的一个主要挑战是太阳能发电的每日和季节性可用性与系统预期的峰值需求之间日益不匹配。一般来说,太阳能光伏发电经历从日出到中午上升,然后下降直到日落的过程。然而,夏季的预期需求高峰在下午上升,到晚上8点仍然很高,而冬季的预期需求高峰在下午4点和晚上8点之间(见图5.1)。在冬季,空间供暖的电气化将使这一问题恶化,而越来越多地使用空调将增加夏季下午晚些时候和晚上的电力需求。其他终端用途(如水加热和烹饪)的电气化将加剧这一问题,如果大量车主下班回家时进行电动汽车(electric vehicle,EV)充电,则汽车的电气化也将加剧这一问题。

增加电网的电力储存能力是解决这些问题的一种方法。另一种方法是增加电力需求的灵活性,这样可以使需求在高峰时期减少(切除)或从高峰时期转移到非高峰时期,以响应电网的需求。支持这种负载(需求)灵活性的技术将在本章中讨论。

电动汽车充电管理是另一项重要策略。除了避免在用电高峰期充电外,电动汽车电池还可以在电力供应过剩的时候储存电能,然后将电能释放以满足现场用电需求或稍后再向电网供电。电动汽车的集成是5.2节的主题。

第三种策略将在本章的最后一部分讨论,涉及跨多个建筑物(或社区规模的分布式能源)协调分布式能源的控制,以共同提供电网服务。

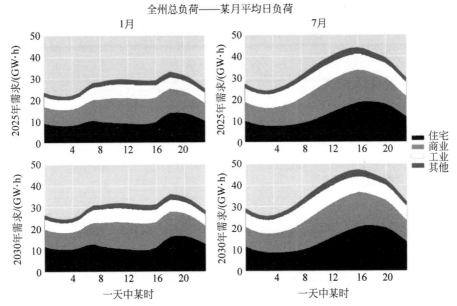

图 5.1　2025 年和 2030 年预计加州全州每日总负荷(见文后彩图)

资料来源:Gerke,et al.(2020 年)

本章考虑了 3 种能够提供电网服务的需求侧管理策略:减负荷、转移负荷和调节负荷。[①] 表 5-1 描述了这些需求灵活性策略及其关键特征。

表 5-1　将需求端管理策略映射到电网服务

策　　略	电　网　服　务	变　化　说　明
减负荷	应急储备	短期减少负荷,以弥补发电量不足
	发电:能量 发电:容量 输配:无导线解决方案	响应电网限制或基于分时电价结构,在高峰时段减少负荷
转移负荷	发电:容量 输配:无导线解决方案	响应电网限制或基于分时电价结构,负荷从高峰时段转移到非高峰时段
	应急储备	短期转移负荷,以弥补发电量不足
	避免可再生能源削减	在可再生能源发电产量过剩时,转移负荷以增加能源消耗

---

① 效率也是一个重要的策略,已在第 2 章讨论。

续表

策　　略	电网服务	变　化　说　明
调节负荷	频率调节	实时负载调节以密切跟踪电网信号。向电网操作员传输输出信号需要先进的遥测技术；还必须能够接收自动控制信号
	电压支持	
	爬坡	调节负荷以抵消短期可变可再生发电输出变化

资料来源：美国能源部（2019 年）。电网交互式高效建筑技术报告系列；研究挑战和差距概述。

5.2　建筑物

建筑物的电力需求源于为满足居住者的需要而运行的各种电力负载。然而，其中许多负载在一定程度上是灵活的。通过适当地进行通信和控制，可以在特定的时间以不同的水平管理负载，同时仍然满足服务水平、居住者生产力和舒适度要求。增加的灵活性可以使电网受益，[①]同时能够通过减少公用事业费用和增加弹性等好处为业主提供价值。

需求响应可以是可调度的或不可调度的，这取决于建筑物控制权的修改者。可调度的需求响应依赖直接响应电网运营商、公用事业或第三方聚合商信号的通信和控制技术。不可调度的需求响应由建筑业主自行决定，以响应价格信号。目前，分时（time-of-use，TOU）电价和需求激励是不可调度需求响应的常见形式，但动态实时定价是未来的一个机会，将为使用先进控制策略提供激励。

美国能源部对建筑物通过需求灵活性提供电网服务的潜力进行了分析。[②] 表 5-2～表 5-4 总结了描述各种提供技术需求灵活性（减负荷或转移负荷）能力的研究。[③] 以下各节也将介绍大部分具有高潜力的技术。

---

① 电网服务可以通过抵消发电能力投资和其他成本来降低发电成本，也可以通过抵消输配电能力投资或减少设备维护来降低输送成本。

② U. S. Department of Energy. 2020. Grid-interactive Efficient Buildings：Projects Summary. https://www. energy. gov/sites/prod/files/2020/09/f79/bto-geb-project-summary-093020. pdf.

③ 应当指出，这些评级是定性的，是根据估计的理论技术潜力、现有的研究和专家指导得出的。本次评估没有进行任何实验室测试或试验性试点测试。提供负载调制或能源效率的技术能力在这里没有显示。

表 5-2　提供需求灵活性的技术能力评估：窗户和不透明围护

技 术 领 域	技　　　　术	减 负 荷	转 移 负 荷
窗户	动态的玻璃	高	低
	自动化的附件	高	低
	光伏玻璃	中	不适用
不透明的围护	可调谐导热材料	中	不适用
	热各向异性材料	低	低
	蓄热器	中	高
	水分储存和提取	中	不适用
	可变辐射技术	中	不适用

注：高能力，非常适合提供需求侧管理（demand-side management，DSM）策略和相应的电网服务，或通过持续的研发具有很高的潜力。

中等能力，能够提供需求侧管理策略，但能力有限。

低能力，可能够提供 DSM 策略，但不是很适合。

资料来源：美国能源部（2019 年）。电网交互高效建筑技术报告系列；窗户和不透明围护。

表 5-3　提供需求灵活性的技术能力评估：暖通空调、水加热、电器、制冷和相关技术

技 术 领 域	技　　　　术	减 负 荷	转 移 负 荷
暖通空调	智能恒温器	中	高
	独立感知和潜在的空间条件	中	中
	液体干燥剂热能储存	中	高
	嵌入温控器的暖通空调设备的先进控制器	低	高
水加热	具有智能连接控制的热水器	低	高
电器	可调节/先进的衣物烘干机	低	中
	先进的洗碗机和洗衣机控制器	不适用	高
	商用制冷的高级控制器	低	高
	水循环（泵）	低	高
	其他，暖通空调（如吊扇）	中	高

注：高能力，非常适合提供需求侧管理策略和相应的电网服务，或通过持续的研发具有很高的潜力。

中等能力，能够提供需求侧管理策略，但能力有限。

低能力，可能够提供 DSM 策略，但不是很适合。

资料来源：美国能源部（2019 年）。电网交互高效建筑技术报告系列；供暖、通风和空调（HVAC）；水加热；电器；制冷。

表 5-4　提供需求灵活性的技术能力评估：照明和电子

技 术 领 域	技　　　　术	减 负 荷	转 移 负 荷
照明	先进的传感器和控制器	中	不适用
电子产品	电池的电子产品	不适用	中

注：中等能力，能够提供需求侧管理策略，但能力有限。

资料来源：美国能源部（2019 年）。电网交互高效建筑技术报告系列；照明和电子。

5.2.1　窗户

建筑物可以通过带有自动遮阳功能的动态窗户来调节太阳热量,从而主动减少供暖/制冷需求。在不久的将来,动态窗户将通过先进的控制算法(如模型预测控制)与遮阳、照明和暖通空调系统集成,以管理供暖、制冷和照明能源。[①] 可控动态窗户将与其他终端使用的控制系统兼容,使用采光和电力照明集成的标准互操作性协议。如第2章所述,动态窗的发展包括新型太阳能光伏窗[②]和电致变色窗[③]。除照明负荷外,这些窗户可以为建筑物提供灵活的供暖和制冷负荷。表 5-5 描述了用于管理电力负载的窗户技术创新。

表 5-5　管理电力负载的窗户技术创新

技　术	描　述	技术成熟度	技术潜力
具有智能控制的动态窗户	智能控制有遮阳的窗户,与照明和暖通空调系统协调	TRL 4～TRL 6	带有智能控制的动态窗户可以为周边办公室减少高达43%的临界一致峰值需求
新型太阳能光伏窗	具有高能量转换效率和可见光透过率的太阳能光伏窗	TRL 3～TRL 5	在商业建筑中集成动态太阳能光伏窗可以减少周边办公室高达30%的峰值需求
新型电致变色窗	光电致变色器件光活性层的新应用	TRL 3～TRL 5	对于位于北半球的商业建筑,电致变色玻璃估计可将东、南、西热区的峰值需求减少20%～30%

5.2.2　照明

连接照明技术可用于上下调节照明水平,并调节照明功率需求,对居住

---

① Gehbauer C., D. H. Blum, T. Wang, and E. S. Lee. 2020. An assessment of the load modifying potential of model predictive controlled dynamic facades within the California context. Energy Build. 210: 109762. https://doi.org/10.1016/j.enbuild.2020.109762.

② Peng J., D. C. Curcija, A. Thanachareonkit, E. S. Lee, H. Goudey, and S. E. Selkowitz. 2019. Study on the overall energy performance of a novel c-Si based semitransparent solar photovoltaic window. Appl. Energy 242: 854-872. https://doi.org/10.1016/j.apenergy.2019.03.107.

③ Sarwar S., S. Park, T. T. Dao, M.-soo Lee, A. Ullah, S. Hong, and C. H. Han. 2020. Scalable photo electrochromic glass of high performance powered by ligand attached TiO_2 photoactive layer. Sol. Energy Mater. Sol. Cells 210: 110498. https://doi.org/10.1016/j.solmat.2020.110498.

者视觉舒适度的影响最小。调暗灯光是需求响应最常见的减负荷策略。下一代照明系统的创新包括：①采光系统、照明和 HVAC 之间的通信互操作性；②先进的传感器集成和控制；③能够响应定价信号的低成本、高效率的混合日光/固态照明（solid state lighting，SSL）系统。[①] 最近开发的用于照明应用的自供电低成本传感器和控制器能够实现分布式智能和通信，且在实验室测试中证明了其具有节能前景。[②] 表 5-6 总结了管理电力负荷的照明技术创新的技术成熟度和效益。

表 5-6　管理电力负荷的照明技术创新

技　　术	描　　述	技术成熟度	技术效益
低成本传感器和控制器集成照明设备	传感器直接集成或嵌入到照明设备/LED 灯或灯具中，用于提供许多电网服务所需的更好的数据通信和需求响应能力	TRL 4～TRL 6	除了使用户能够减轻照明负荷外，该技术还可以通过减轻和调节来提供快速响应的电网服务，尽管容量有限，但不会对居住者的生产力、舒适性或安全性造成破坏
混合日光固态照明系统	日光系统与光电传感器和自动调光控制的技术集成，以调整快速响应电网服务的电力照明	TRL 4～TRL 6	固态照明显示器可以提供一些 DR 功能，主要是通过调制光输出和其他能耗组件在高峰时段减少负载
混合日光固态照明系统的新设计	改进了混合日光固态照明系统和材料的设计，以最大限度地减少日光传输和材料效率损失，并降低安装成本	TRL 3～TRL 5	其主要电网服务贡献是通过供热和制冷节能来减少负荷
照明设备：嵌入式需求响应通信和控制协议	通过响应电网信号调暗灯光实现自动需求响应功能	TRL 4～TRL 6	提供"即插即用"解决方案，使照明设备能够参与电网服务

以前的研究已经证明了通过关闭或调暗灯光以响应电网信号的负载下

① U. S. Department of Energy. 2019. Grid-interactive Efficient Buildings Technical Report Series-Lighting and Electronics. https://www. energy. gov/eere/buildings/downloads/grid-interactive-efficient-buildingstechnical-report-series-lighting-and.

② Brown R. E. , P. Schwartz, B. Nordman, J. Shackelford, A. Khandekar, N. Jackson, A. Prakash, et al. 2019. Developing Flexible, Networked Lighting Control Systems That Reliably Save Energy in California Buildings. California Energy Commission. https://eta. lbl. gov/publications/developing-flexible-networked.

降潜力,且对居住者的视觉舒适度影响最小。[①] 据估计,具备需求响应能力的照明的需求响应(demand response,DR)潜力是在没有日光或日光不足的情况下减少 20%~40% 的负荷(kW),在日光充足的情况下减少高达 60% 的负荷(kW)。[②] LBNL 进行的一项 DR 潜力研究估计商业照明的可用 DR 能力为每年减负荷 156 MW,调节负荷每年约 220 MW。[③]

　　除了为需求响应提供减负荷外,具有先进传感器和控制器的照明系统还能够通过与其他建筑系统共享数据,为额外的建筑级节能提供机会。先进的传感器和控制器及光谱可调固态照明技术也对居住者的健康有益。这些系统可以被设计成能够参与人类的生理反应,包括警觉、生产力和有助于睡眠及觉醒周期的人类昼夜节律。由于用于促进人类健康和福祉的照明控制可能与电网服务目标相冲突,因此量化这些特征对劳动力生产率的影响需要开展更多的研究。

5.2.3　建筑围护结构

　　可以存储和释放热能的储能系统可以集成到建筑围护结构中。蓄热系统可以将能量存储为显热(例如,升高和降低混凝土板的温度)或潜热(例如,通过驱动相变材料中的相变)。除了改变加热和(或)冷却能量需求的时间外,蓄热还可以通过减少温度波动的幅度来改善热舒适性,在某些情况下,蓄热可以通过使用夜间空气或太阳能热增量进行充电来抵消能量使用,并可以减少空间调节设备的尺寸。

相变材料

　　基于包络的能量存储系统响应于环境温度进行充电和放电,并且可以在加热或冷却模式下将负荷转移到非高峰时段。由于高峰时段从中午到晚上的过渡,传统的被动相变材料(phase change materials,PCM)系统可能无法完全用于转移加热或冷却负荷。为了克服这一障碍,新的研究将固态可调蓄热和开关集成到建筑围护结构中,并通过控制 PCM 在运行期间的充放

---

　　① Newsham G. R. , S. Mancini, and R. G. Marchand. 2008. "Detection and Acceptance of DemandResponsive Lighting in Offices with and without Daylight. " LEUKOS 4(3). http://doi. org/ 10. 1582/LEUKOS. 2007. 004. 03. 001.

　　② Yin R. ,J. Page, and D. Black. 2016. Demand Response with Lighting in Office, Retail, and Hospitality Buildings in the SD&E Service Area. LBNL Report to SDG&E.

　　③ Alstone P. ,J. Potter, M. A. Piette, et al. 2017. 2025 California Demand Response Potential Study-Charting California's Demand Response Future: Final Report on Phase 2 Results. Lawrence Berkeley National Laboratory,LBNL-2001113.

电来提供热需求灵活性。[1] 对"热开关"的类似研究表明,与使用建筑热质量的传统预冷相比,集成热质量的主动隔热系统具有在降低加热或冷却能耗和峰值负荷的同时提高热舒适性的性能。[2]

PCM 用于满足建筑中的不同需求,包括热负荷削减和转移、冷或热负荷减少、热舒适性、建筑材料温度控制,以及提高建筑耐久性、效率和节能。[3]

PCM 系统在高峰时期的运行可以提高热舒适性。它们还可以帮助提高气候条件长期变化的灵活性,因为它们可以调整操作范围以反映实际条件,而不是指定建筑围护结构的设计条件。

热激活建筑系统的需求响应控制

热激活建筑系统(thermally activated building system,TABS)将辐射管嵌入结构板中,或嵌入结构板顶部的顶板中,无需隔热,从而分隔两个板。[4] 对于辐射式板坯冷却系统,可通过调节进入板坯的水流或温度将冷却需求从高峰时段转移到非高峰时段。[5] 这就需要低阈值的水流或温度,以避免板坯上发生冷凝。

表 5-7 总结了用于管理电力负荷的建筑围护结构技术创新的技术成熟度和潜力。

表 5-7 管理电力负荷的建筑围护结构技术创新

技　术	描　述	技术成熟度	技术潜力
新型相变材料	固态可调储热器,可通过充电和放电进行主动控制,以提供需求灵活性	TRL 3～TRL 5	与现有的冷却能耗相比,这种 PCM 在南加州的应用可能节省能耗 10%～30%

---

[1] Prasher, R. S., R. Jackson, and C. Dames. 2019. Solid State Tunable Thermal Energy Storage and Switches for Smart Building Envelopes. 2019 BTO Peer Review. https://www. energy. gov/sites/default/files/2019/05/f62/bto-peer%E2%80%932019-lbnl-nrel-solid-statetunable-tes. pdf.

[2] Mumme S., N. James, M. Salonvaara, S. Shrestha, D. Hun. 2020. Smart and efficient building envelopes: Thermal switches and thermal storage for energy savings and load flexibility. ASHRAE Transactions, 126, 140-148.

[3] Al-Yasiri Q., and M. Szabó. 2021. Incorporation of phase change materials into building envelope for thermal comfort and energy saving: A comprehensive analysis. Journal of Building Engineering, Vol. 36. https://doi. org/10. 1016/j. jobe. 2020. 102122.

[4] Paliaga G., F. Farahmand, and P. Raftery. 2017. TABS Radiant Cooling Design and Control in North America: Results from Expert Interviews 0-62.

[5] Jin W., J. Ma, C. Bi, Z. Wang, C. B. Soo, and P. Gao. 2020. Dynamic variation in dew-point temperature of attached air layer of radiant ceiling cooling panels. Build. Simul. 13: 1281-1290. https://doi. org/10. 1007/s12273-020-0645-y.

续表

技　术	描　述	技术成熟度	技术潜力
热激活建筑系统的需求响应控制	通过调节流入板坯的水流或温度,提高了转移或减少负荷的能力,包括响应时间和幅度。具有高热传导率和低热传导率区域的部件和组件,允许热量通过外壳传导至散热器,如管道回路	TRL 4～TRL 6	TABS 的优化控制可将峰值热负荷和冷负荷分别降低 10％和 36％[①]

5.2.4　暖通空调设备

智能恒温器。电力零售和批发市场的需求响应计划中已经存在一些大规模的智能恒温器部署。尽管智能恒温器在供应商和客户之间具有双向通信能力,但对于供应商或公用事业而言,实时 HVAC 电力使用情况仍然是不可见的。集中式方法涉及大量的局部变量和约束,使得数值计算对于控制大量智能恒温器是不可行的。具有良好性能的分布式控制结构因其可以响应实时价格信号或快速需求响应程序而聚合了大量智能恒温器。[②] 在住宅暖通空调中使用智能恒温器,每年可为加州电力市场提供 2 MW 的负荷降低和 32～43 MW 的负荷转移。

PCM 耦合 HVAC 系统。最近,PCM 耦合 HVAC 系统有了新的发展,其可以实现更多的电网交互功能。低成本的新型 PCM 可以与 HVAC 系统耦合,以进行动态控制。[③] 住宅暖通空调负荷可为切除负荷或转移负荷提供大量灵活的资源。PCM 耦合的 HVAC 系统能够在白天储冷,并在晚上减少高峰需求。下一代 PCM 应用程序将是动态的、模块化的,并且是电网交互的。

---

① Chung W. J. , S. H. Park, M. S. Yeo, and K. W. Kim. 2017. Control of thermally activated building system considering zone load characteristics. Sustainability 9: 1-14. https://doi. org/10. 3390/su9040586.

② Totu L. C. , J. Leth, and R. Wisniewski. 2013. Control for large scale demand response of thermostatic loads. Proc. Am. Control Conf. 5023-5028. https://doi. org/10. 1109/acc. 2013. 6580618.

③ Jiang Z. , J. Cai, P. Hlanze, H. Zhang. 2020. Optimized Control of Phase Change Material-Based Storage Integrated in Building Air-Distribution Systems. 2020 American Control Conference, pp. 4225-4230, https://doi. org/10. 23919/ACC45564. 2020. 9147514.

表 5-8 总结了暖通空调技术创新在管理电力负荷方面的技术成熟度和潜力。[①]

表 5-8　管理电力负荷的暖通空调技术创新

技　　术	描　　述	技术成熟度	技术潜力
智能恒温器	分布式控制大量智能恒温器,以响应实时电价或快速需求响应	TRL 4～TRL 6	可以提供负荷转移,包括管理复杂的调度和日前服务请求,同时优化运营以最大限度地减少对客户舒适度的影响
混合蒸发预冷	从蒸发压缩模式切换到蒸发冷却模式的响应相对较快	TRL 3～TRL 5	非常适合通过显著提高性能系数来提供效率值,但减负荷和负荷转移/平抑值有限
独立的显冷和潜冷系统	单独的显冷和潜冷及可变容量控制可以允许建筑物在高峰需求事件期间减负荷并以较低的能耗水平运行	TRL 3～TRL 5	系统可以通过减少显冷阶段和仅运行高效潜冷阶段来减轻负荷,以在高峰事件期间保持居住者舒适度,并允许更长的限功率期而不会造成不适。一些系统可以通过使用液体干燥剂和其他材料来提供负荷转移
结合 HVAC 系统的低成本新型 PCM	PCM 在暖通空调装置中的新应用,或与暖通空调送风管结合,以提供加热/冷却灵活性	TRL 4～TRL 6	基于 PCM 的存储集成在建筑空气分配系统中的优化控制可以将峰值需求降低 30%[*]
模块化热能存储	模块化和可扩展的热能存储单元,可以像构建块一样轻松部署,以将高峰冷却需求从中午时段转移到非高峰时段	TRL 5～TRL 7	可在中小型企业中大规模部署

　　* Jiang,Z.,J. Cai,P. Hlanze,and H. Zhang. 2020. Optimized Control of Phase Change Material-Based Storage Integrated in Building Air-Distribution Systems. Proc. Am. Control Conf. 4225-4230.

---

　　① Kaur S.,M. Bianchi,N. James,L. Berkeley,S. Kaur,M. Bianchi,and N. James. 2020. 2019 Workshop on Fundamental Needs for Dynamic and Interactive Thermal Storage Solutions for Buildings.

　　Dutton S. 2019. Hybrid HVAC with Thermal Energy Storage Research and Demonstration. 2019 BTO Peer Review.

5.2.5　水加热

电蓄热式热水器可以吸收可再生能源产生的多余电力,并将其储存起来供以后使用。建筑物中的下一代蓄热式热水器需要结合电网互动和高级控制功能。[①] 电网交互式热水器技术的最新发展可以提供实时监控、负荷预测和基于机器学习算法的控制功能,以最大化可用于电网服务的容量,同时最小化对客户热水供应的影响。蓄热式热水器对于住宅部门来说将是最重要的,因为大多数商业建筑在晚高峰时段无人居住。此外,多数价值在于负载转移。智能连接的热水器控制器以能够在受限时允许温度降低提供一定的负荷减少,但这通常会伴随一段时间的需求增加。表 5-9 总结了管理电力负荷的水加热技术创新的技术成熟度和潜力。

表 5-9　管理电力负荷的水加热技术创新

技　　术	描　　述	技术成熟度	技术潜力
格栅式热泵热水器	集成或附加连接的智能控制,可实现远程双向通信,以实现操作员控制调度和可编程设定	TRL 5～TRL 7	每个热水器将相对少量的负荷从晚高峰转移(估计为 0.3～0.6 kW)

弹性。在冬季风暴或飓风来临时,因为可能会发生停电事件,所以可以使用先进的热水器控制器来预热水。假设饮用水供应的水压仍然足够(可能需要现场储能或备用发电),用户可以在停电期间获得一些热水。

5.2.6　整栋建筑控制器、传感器、建模和分析

传感器和控制器。建筑自动化系统利用传感器和控制器支持的分析来管理各种终端以响应公用设施价格信号或事件。低成本、低功耗无线传感器的发展促进了先进的节能和需求控制策略在建筑物中的实施,并使附加传感器的改装更加经济。[②] 传感器可用于监测室内和室外环境条件,以及设备和系统的运行与健康状况。主要的技术挑战是连接和同步各种传感器及

---

① Starke M. ,J. Munk,H. Zandi,T. Kuruganti,H. Buckberry,J. Hall,and J. Leverette. 2020. Real -time MPC for residential building water heater systems to support the electric grid. 2020 IEEE Power Energy Soc. Innov. Smart Grid Technol. Conf. https://doi. org/10. 1109/ISGT45199. 2020. 9087716.

② Joshi P. 2016. Low-cost Manufacturing of Wireless Sensors for Building. Oak Ridge National Laboratory.

仪表,以作为电网交互控制的集成系统。现有的工作已经证明了统一的元数据模型在有效的建筑运营和需求响应参与方面的使用可行性,[①]但这项技术仍处于早期开发阶段。

高级控制算法。可以利用各种统计、建模、数据挖掘和机器学习技术来研究最近的数据和历史数据,以生成最佳控制序列。现场演示研究证明,先进的建筑控制,如模型预测控制(model predictive control,MPC),可以减少能源使用和成本,同时保持可接受的室内环境条件。[②] 然而,MPC 在建筑中的广泛应用仍处于早期阶段。

目前正在开发多种技术来应对 MPC 相关的挑战:

(1) 具有兼容通信接口的适当硬件和软件基础设施;[③]

(2) 用户友好、面向控制、准确且计算高效的建筑建模;

(3) MPC 的自动化设计、调整和部署;[④]

(4) 即插即用实施,MPC 的稳健运行。[⑤]

相关的重要领域包括隐私和网络安全问题及用户信任度。

最近有一个项目开发了一种分层居住者响应的 MPC,以减少建筑中的能源使用。[⑥] MPC 包括:①减少计算时间的有效优化算法;②减少设置时间的模型学习技术;③提高模型精度的模型校准技术。MPC 实现的质量在很大程度上取决于模型的准确性。换句话说,如果模型预测精度低于可接受的阈值,则优化的控制序列可能导致无效甚至更差的操作。

电网参与的高级通信。近年来,研究目光从公用事业赞助的价格信号

① Balaji B. ,A. Bhattacharya,G. Fierro,J. Gao,J. Gluck,D. Hong,A. Johansen,et al. 2016. Brick:Towards a unified metadata schema for buildings. Proc. 3rd ACM Conf. Syst. Energy-Efficient Built Environ. BuildSys 41-50. https://doi.org/10.1145/2993422.2993577.

② Drgoňa J. ,J. Arroyo,I. Cupeiro,D. Figueroa,K. Blum,D. Arendt,E. P. Kim,et al. 2020. All you need to know about model predictive control for buildings. Annu. Rev. Controlhttps://doi.org/10.1016/j.arcontrol.2020.09.001.

③ Fierro G. ,and D. E. Culler. 2015. Poster abstract:XBOS:An eXtensible Building Operating System. BuildSys 2015-Proc. 2nd ACM Int. Conf. Embed. Syst. Energy-Efficient Built,119-120. https://doi.org/10.1145/2821650.2830311.

④ Blum D. ,and M. Wetter. 2017. MPCPy:An Open-Source Software Platform for Model Predictive Control in Buildings. Proc. 15th Conf. Int. Build. Perform. Simul.

⑤ Le Floch C. ,S. Bansal,C. J. Tomlin,S. J. Moura,and M. N. Zeilinger. 2019. "Plug-and-play model predictive control for load shaping and voltage control in smart grids." IEEE Trans. Smart Grid 10:2334-2344. https://doi.org/10.1109/TSG.2017.2655461.

⑥ Piette M. A. Hierarchical Occupancy-Responsive Model Predictive Control (MPC) at Room, Building and Campus Levels 1-24. LBNL. https://www.energy.gov/eere/buildings/downloads/hierarchical-occupancyresponsive-model-predictive-control-mpc-room.

需求响应计划转向了更多的电网参与,如 CAISO 等电网运营商为需求响应资源提供机制,以投标进入批发电力市场。尽管有几个试验性现场示范项目证明了"交易能源"概念的使用可行性,[①]并能够将 DER 转化为电网资产,但这个概念仍处于市场部署的早期阶段。交易能源的实现必须包含高度安全和高效的技术平台,并允许通过标准接口进行机器间交易。[②]

表 5-10 总结了管理电力负荷的通信和控制技术创新的技术成熟度。

表 5-10　管理电力负荷的通信和控制技术创新

技　　术	描　　述	技术成熟度
模型预测控制	一种在给定条件下建立最优建筑控制序列的模型	TRL 4～TRL 6
建筑操作系统服务	一种建筑操作系统,提供对嵌入建筑环境中的数字资源的安全监控	TRL 4～TRL 6
分布式控制和传感软件平台	将传感和表数据流转换为可操作的信息,以改善建筑运营、管理能源消耗,并实现建筑与电网的真正集成	TRL 4～TRL 6
交易能源技术	在考虑电网可靠性约束的情况下,通过使用经济或基于市场的结构来管理电力系统内电力的产生、消耗或流动的技术	TRL 4～TRL 6

5.3　工业和农业

尽管工艺的操作要求对工业和农业至关重要,但仍有机会在不影响生产的情况下转移电力负荷。

相变材料的创新应用。冷藏仓库是食品加工行业的一个重要电力负荷。在冷藏仓库中使用 PCM 的一种创新方式是利用存储产品温度和周围空气温度的传感器来控制操作期间 PCM 的主动充放电。该系统可以监测空气和天气状况,以及存储的产品温度,并实时优化放电和充电控制操作。模块化、长时间和可控的 PCM 可以提供更高的能源效率和需求灵活性,同时保持相同水平的食品储存质量。[③] 电网交互式 PCM 控制器可以在电网服

① Grid Wise Architecture Council. 2018. Transactive Energy Systems Research,Development and Deployment Roadmap. Pacific Northwest National Laboratory,PNNL-26778.

② Lian J. ,Y. Sun,K. Kalsi,S. E. Widergren,D. Wu,and H. Ren. 2018. Transactive System:Part Ⅱ: Analysis of Two Pilot Transactive Systems Using Foundational Theory and Metrics. Pacific Northwest National Laboratory,PNNL-27235.

③ GTM Creative Strategies. 2020. Storing Energy in the Freezer:Long-Duration Thermal Storage Comes of Age. https://www. greentechmedia. com/articles/read/storing-energy-in-the-freezer-long-durationthermal-storage-comes-of-age.

务中提供其他价值流,以提高冷藏仓库中 PCM 部署的成本效益。

农业灌溉抽水。农场的农业灌溉泵可以是利用现场间歇性可再生能源(太阳能/风能)的一种资源,并通过长期使用最便宜的电力来降低运营成本。[①] 只要能够确保不同作物对土壤湿度的要求,则农业灌溉泵送计划可以推迟或中断。新的基于物联网的智能灌溉系统已经被开发出来了,它结合了许多传感器(土壤湿度、抽水、水温、天气预报)和先进的控制解决方案(实时灌溉智能),以降低运营成本并实现需求灵活性。[②] 具有变频驱动(variable frequency drives,VFD)和自动化的灌溉泵最有可能参与 DR 和负荷转移,同时需要有限的客户与控制装置交互。

表 5-11 总结了管理工业和农业用电负荷的技术成熟度和技术创新潜力。

表 5-11　管理工业和农业用电负荷的技术创新

技　术	描　述	技术成熟度	技术潜力
新型模块化相变材料	新型模块化、电网交互式 PCM,可部署在冷藏仓库中	TRL 5～ TRL 7	可将峰值需求降低约 30%
具有变速/变频驱动的蒸气压缩系统	对压缩机的变频驱动进行优化控制,以实现工业制冷系统中能效和需求响应的容量控制	TRL 4～ TRL 6	带 VFD 的工业负载每年可提供 11 MW 的负荷调节服务
工业制冷高级控制系统	基于云的性能监测和智能控制系统,实现能源效率和需求响应	TRL 5～ TRL 7	加州冷藏仓库行业的全州需求响应潜力估计超过 22 MW*
基于物联网的新型智能灌溉系统	使用传感、双向通信和先进的控制解决方案(实时灌溉智能),提供最大的电网服务参与能力	TRL 5～ TRL 7	加州工业和农业部门的水泵每年可提供 240 MW 的减负荷和约 1780 MW·h 的负荷转移**

* Scott D. , R. Castillo, K. Larson, B. Dobbs, and D. Olsen. 2015. Refrigerated Warehouse Demand Response Strategy Guide. LBNL-1004300.

** Alstone P. , J. Potter, M. A. Piette, et al. 2017. 2025 California Demand Response Potential Study-Charting California's Demand Response Future: Final Report on Phase 2 Results. LBNL-2001113.

---

① Aghajanzadeh A. , and P. Therkelsen. 2019. Agricultural demand response for decarbonizing the electricity grid. J. Clean. Prod. 220: 827-835. https://doi.org/10.1016/j.jclepro.2019.02.207.

② García L. , L. Parra, J. M. Jimenez, J. Lloret, and P. Lorenz. 2020. IoT-based smart irrigation systems: An overview on the recent trends on sensors and IoT systems for irrigation in precision agriculture. Sensors (Switzerland) 20. https://doi.org/10.3390/s20041042.

5.4　电动汽车

通过适当的管理,电动汽车可以成为一种灵活的负载方式,它可以在电网资产利用不足或可再生能源发电量充足时存储电力,并在发电最昂贵且更可能出现电网拥堵的高峰时段减少电力需求。有两种主要技术可以将电动汽车用作灵活的负载。

(1) V1G:通过调整车辆或充电基础设施的充电率进行单向控制充电。

(2) 车辆到电网(V2G):根据电网信号对车辆进行双向充电和放电控制。

为了满足这一资源的潜力,需要改进电动汽车充电基础设施和电网之间的通信互操作性,以在满足充电需求的同时提供最大的需求灵活性。V2G 技术的发展使电动汽车能够集中用于电网辅助服务,如频率调节。[①] 这就需要实时遥测系统和控制算法,以响应电网调节信号,提供聚合电动车辆的快速充电和放电负载调节。

5.4.1　电动汽车的协调充电

智能充电控制解决方案的开发主要集中在集中控制[②]、分级控制[③]和分散控制[④]架构上。当电动汽车用户决定其充电模式时,分散控制不能保证达到整个系统的全局最优解决方案的要求。为了在没有太多计算负担的情况

---

① DeForest N. ,J. S. MacDonald, and D. R. Black. 2018. Day ahead optimization of an electric vehicle fleet providing ancillary services in the Los Angeles Air Force Base vehicle-to-grid demonstration. Appl. Energy,210:987-1001. https://doi. org/10. 1016/j. apenergy. 2017. 07. 069.

② Yin R. ,D. Black and Bin Wang. 2020. Characteristics of Electric Vehicle Charging Sessions and Its Benefits in Managing Peak Demands of a Commercial Parking Garage, 2020 IEEE International Conference on Communications,Control,and Computing Technologies for Smart Grids. doi:10. 1109/SmartGridComm47815. 2020. 9302987.

③ Xu Z. et al. 2016. A hierarchical framework for coordinated charging of plug-in electric vehicles in China. IEEE Transactions on Smart Grid 7(1):428-438. Kaur,K. , N. Kumar,and M. Singh. 2018. Coordinated power control of electric vehicles for grid frequency support:MILP-based hierarchical control design. IEEE Transactions on Smart Grid 10(3). https://ieeexplore. ieee. org/document/8334637.

④ Moeini-Aghtaie M. et al. 2013. PHEVs centralized/decentralized charging control mechanisms:requirements and impacts. In:North American Power Symposium (NAPS). Ma,Z. ,D. S. Callaway,and I. A. Hiskens. 2013. Decentralized charging control of large populations of plug-in electric vehicles. IEEE Trans Control Syst Technol 21(1):67-78.

下实现大量电动汽车的最佳充电控制,可以使用分级控制框架通过聚合器管理大量电动汽车,同时满足电网约束和客户要求。[①]

集中充电控制利用中央控制器提供考虑电网和 EV 约束的全局最优解决方案。它适用于简单的应用,如商业停车场或安装了少量充电站的建筑物。当应用随着车辆数量的大规模增加而变得复杂时,集中充电控制的实施在计算上将具有挑战性,并且需要中央集线器与车辆进行高级通信。

除了电动汽车协调充电控制的技术需求外,未来的研究应侧重于理解消费者驾驶和充电问题,包括充电基础设施的选择、里程焦虑和使用电网交互控制的激励。

5.4.2　无线电动汽车充电

无线电动汽车充电技术的应用可以分为静态无线充电和动态无线充电,这能够使车辆在行驶时在车辆和电网之间进行电力交换。

许多公司已经推出了充电功率为 3.6~7.2 kW 的固定无线充电系统。动态无线充电是无线充电的下一阶段,充电设备安装在道路下方,车辆可以在行驶时为电池充电。[②] ORNL 于 2016 年首次演示了充电功率为 20 kW 的慢动态感应电力传输技术。此后,轻型应用的双向无线充电技术在最近的一次演示中已经将充电功率扩展到 120 kW。这项技术可以将电动汽车转变为移动能源存储设备,以整合可再生能源发电,减少峰值电力需求,或提供电网辅助服务。[③] 作为未来道路基础设施的一部分,动态无线车辆充电可与高速公路沿线的可再生能源整合。

5.4.3　互联移动性

车辆越来越多地通过蜂窝、Wi-Fi、卫星和其他方式与中央枢纽彼此交换

①　Nguyen H. N. , C. Zhang, J. Zhang, and L. B. Le. 2017. Hierarchical control for electric vehicles in smart grid with renewables. In Proceedings of the 13th IEEE International Conference on Control Automation,898-903. https://doi.org/10.1109/ICCA.2017.8003180.

②　Li G. et al. 2018. Direct vehicle-to-vehicle charging strategy in vehicular ad-hoc networks. In: 2018 9th IFIP International Conference on New Technologies,Mobility and Security. Kosmanos,D. et al. 2018. Route optimization of electric vehicles based on dynamic wireless charging. IEEE Access 6: 42551-65. Foote, A. et al. 2019. System design of dynamic wireless power transfer for automated highways. In: IEEE Transportation Electrification Conference and Expo.

③　Laporte S. , G. Coquery, V. Deniau, A. De Bernardinis, and N. Hautière. 2019. Dynamic wireless power transfer charging infrastructure for future EVs: From experimental track to real circulated roads demonstrations. World Electr. Veh. J. 10: 1-22. https://doi.org/10.3390/wevj10040084.

数据。目前,市场上针对这种车辆交互主要是娱乐和便利产品,但维护和安全功能正在兴起。未来电动汽车和充电站之间的连接移动性的发展可以减少能源消耗和排放,并在多个尺度上改善交通系统的移动性。[1] 连接的电动汽车可以相互协调,以获得实时交通状况和可用的充电站信息,而无需在拥挤的充电站等待。这种解决电动车辆的传统方式被称为基于充电站的电子移动系统。实际上,电动车辆可以被视为动态可移动存储器,其可以响应电网价格或事件信号以在任何可用的充电站保证灵活性。

5.4.4 电动汽车与建筑的集成

电动汽车与分布式可再生资源的集成是解决电网问题(如容量不足、电压不稳定和电能质量)的一种有前途的方法。例如,当现场太阳能光伏在阴天发电量减少时,电动汽车充电负荷可以通过自动主动负荷管理及实时监测与预测建筑负荷和天气来减少。[2]

由于现场发电(太阳能光伏)和电动汽车充电站安装在电表后面,考虑到建筑物负载变化、间歇性太阳能光伏发电及每个单独电动汽车的插入持续时间和能耗的不确定性,建筑物、太阳能光伏和电动汽车充电站之间的实时预测能量分配变得非常具有挑战性。这一挑战正在推动电动汽车与建筑物集成的预测控制的发展。最近的研究展示了使用两阶段操作的电动汽车的新型调度控制。该操作结合了日前操作(来自日前市场的能源交易)和实时预测分配,以调节电动汽车充电行为,同时考虑到单个电动汽车充电会话中的不确定性。实时策略以分散的方式将能量分配给每个单独的 EV。目标是实现最低运营成本,并从所参与的电力批发市场中获得额外收益。

在加州市场,有研究估计到 2025 年家用电动汽车可提供电池电动汽车

---

[1] Adler M. W. , S. Peer, and T. Sinozic. 2019. Autonomous, connected, electric shared vehicles (ACES) and public finance: An explorative analysis. Transp. Res. Interdisc. Perspect. 2: 100038. https://doi.org/10.1016/j.trip.2019.100038.

[2] Traube J. , F. Lu, D. Maksimovic, J. Mossoba, M. Kromer, P. Faill, S. Katz, et al. 2013. Mitigation of solar irradiance intermittency in photovoltaic power systems with integrated electric-vehicle charging functionality. IEEE Trans. Power Electron. 28: 3058-3067. https://doi.org/10.1109/TPEL.2012.2217354.

Pillai J. R. , S. H. Huang, B. Bak-Jensen, P. Mahat, P. Thogersen, and J. Moller. 2013. Integration of solar photovoltaics and electric vehicles in residential grids. IEEE Power Energy Soc. Gen. Meet. https://doi.org/10.1109/PESMG.2013.6672215.

Taibi E. , C. Fernández del Valle, and M. Howells. 2018. Strategies for solar and wind integration by leveraging flexibility from electric vehicles: The Barbados case study. Energy 164: 65-78. https://doi.org/10.1016/j.energy.2018.08.196.

(battery electric vehicles，BEV)30～38 MW・h/a 和插电式混合动力电动汽车(plug-in hybrid electric vehicles，PHEV)59～83 MW・h/a 的转移需求响应服务，[①]对商业电动汽车来说，可用转移需求响应包括电池电动汽车 7～8 MW・h/a，插电式混合动力电动汽车 2～3 MW・h/a，以及额外的用于在充电中 BEV 的 3 MW・h/a。

表 5-12 总结了电动汽车负荷管理的技术创新。

表 5-12　电动汽车负荷管理的技术创新

分　类	技　术	描　述	技术成熟度
电网服务市场	用于双向电动车辆通信和快速控制的先进遥测基础设施	用于双向电动车辆和充电站的先进通信和控制技术可以在电力市场中提供额外的电网服务产品(如频率调节)*	TRL 5～TRL 6
电网服务市场	用于可再生能源整合的大型电动汽车的互操作性通信和控制	将电动汽车聚合为电网规模的储能设备，以降低电网运营成本和可再生能源削减	TRL 3～TRL 4
	自动化主动负荷管理系统	智能充电和放电控制及建筑物运营的可变性，以降低运营成本	TRL 4～TRL 6
互联移动性	车辆对基础设施[V2I]和车辆对车辆[V2V]通信	使用传感、感知和计算进行 V2I 和 V2V 通信，以减少能源消耗和排放，并在多个尺度上提高交通系统的机动性	TRL 3～TRL 5

　　* Giubbolini，Luigi. 2020. Grid Communication Interface for Smart Electric Vehicle Services. California Energy Commission. CEC-500-2020-028.

5.4.5　车辆到建筑物和车辆到家庭的备用电源

通常，人们使用备用发电机或电池作为备用电源，以在电网中断(如公共安全断电)期间为商业建筑和家庭中的关键负荷供电。对于电动汽车车主来说，应对停电的另一种选择是将电动汽车转换为具有双向电动汽车充电技术的应急电源。为了将电动汽车电池的电力输送到建筑物，需要在车载双向充电器或非车载双向充电器(如公共车辆充电站)中使用 AC/DC 逆变器。美国能源部最近资助的一项研究对电池和电网上的车载和非车载

---

　　① Alstone P.，J. Potter，and M. A. Piette. 2017. 2025 California Demand Response Potential Study-Charting California's Demand Response Future：Final Report on Phase 2 Results. LBNL-2001113.

V2G 技术性能进行了全面评估。[①] 考虑到成本、安全性、认证和集成性，双向直流充电更有利于车辆到建筑物和车辆到家庭的应用。这种类型的系统已具备在市场上进行商业部署的前期条件。

5.5　分布式能源的协调控制

从公用事业或电网运营商的角度来看，协调 DER 以提高电网的灵活性和可靠性是非常有益的，但也非常具有挑战性。协调控制还可用于提高电网服务的可靠性，这是公用事业市场作为资源采用的必要要求。一些新技术可以帮助促进这种协调控制。

分布式能源管理系统（distributed energy resource management system，**DERMS**）。DERMS 是一种平台，它使用实时通信基础设施来监视、控制、协调和管理在配电或本地馈线级别与公用设施相连的分布式能源资产。市场上已经有许多成熟的 DERMS 平台，可以跨多个建筑物和 DERs 提供端到端通信与控制。新的 DERMS 开发不仅侧重于"即插即用"DER，以使电网集成简单可靠，也侧重于人工智能和机器学习的新功能，以提高电网服务的性能和可靠性，同时最大限度地减少或消除对用户或客户的任何负面影响。这些创新将使电网运营商、公用事业和聚合商能够通过自动化电网优化来最大化 DER 的运营能力。[②]

互联社区中的互操作性。最近的一份研究报告将"互联社区"定义为包含多建筑规模的综合能源管理策略的建筑和 DER 集合。[③] 互联社区在节约能源账单、需求响应/辅助服务、弹性、减少温室气体排放及减少发电、输电和配电基础设施对新容量的需求方面，对客户和公用事业/系统运营商具有重要价值。然而，仍然存在一些技术挑战，特别是 DER 技术的互操作性。

在多种 DER 技术和系统、客户、电力市场和电网利益相关者之间实现

---

①　Chhaya Sunil. 2020. Comprehensive Assessment of On-and Off-Board V2G Technology Performance on Battery and the Grid. 2020 U. S. Department of Energy Vehicle Technologies Office Annual Merit Review. https://www. energy. gov/sites/prod/files/2020/06/f75/elt187_ chhaya_2020 _o_5. 12. 20_1106AM_LR. pdf.

②　Antonopoulos I. , et al. 2020. "Artificial intelligence and machine learning approaches to energy demand-side response: A systematic review." Renewable and Sustainable Energy Reviews, Vol. 130.

③　Olgyay, Victor, Seth Coan, Brett Webster, and William Livingood. 2020. Connected Communities: A Multi-Building Energy Management Approach. National Renewable Energy Laboratory. NREL/TP-5500-75528. https://www. nrel. gov/docs/fy20osti/75528. pdf.

通信互操作性需要机器对机器通信的通用语言。为了解决这个问题,电网现代化实验室联盟提出了一个"能源服务接口",该接口可以在电力系统中普遍集成不同的 DER 技术。[①] 能源服务接口目前处于实验室测试阶段。

先进的电力电子和智能逆变器。近年来,随着 DER 的普及,智能逆变器已成为主流。[②] 通信功能可收集许多智能逆变器,这些逆变器可聚合到虚拟发电厂中,并由第三方或公用事业公司通过分布式能源管理系统进行管理。智能逆变器需要是多功能的,以适应不同的电网控制架构,如集中式或分散式架构。此外,新一代智能逆变器将具有自我意识、适应性、自主性、协作性和即插即用功能,这些功能由各种控制功能支持和实现。

表 5-13 分布式能源协调管理的技术创新

技　术	描　述	技术成熟度
分布式能源管理系统	该平台为电网提供"即插即用"DER,并内置了人工智能和机器学习的新功能	TRL 5～TRL 7
能源服务接口	集成不同 DER 技术的通用接口和数据模型	TRL 2～TRL 3
先进电力电子和智能逆变器	先进的通信和控制能力,可轻松实现 DER 的聚合	TRL 5～TRL 6

5.6 加州的战略考虑

5.6.1 建筑、工业和农业的战略考虑

负荷调整计划能够产生更有利的负荷形状,可以减少资源采购需求,缓解发电过剩,并缓和需求的增长。需求响应和能源效率的结合可以共同促进加州未来电网的可靠和高效管理。为了满足加州未来的需求,以下负荷修改技术似乎最具潜力。

(1) 能量柔性负载。

① 建筑物中柔性负荷的高级传感和控制(如 MPC),以修改建筑物负荷;

---

① https://gmlc. doe. gov/sites/default/files/resources/GMLC％ 20ESI％ 20Webinar％ 20Slides_180514. pdf.

② Xue Y. ,et al. 2018. On a Future for Smart Inverters with Integrated System Functions,2018 9th IEEE International Symposium on Power Electronics for Distributed Generation Systems,pp. 1-8, https://doi. org/10. 1109/PEDG. 2018. 8447750.

② 用于 HVAC 减负荷和转移的智能恒温器的分布式控制；

③ 分布式控制电网交互式热泵热水器，以改变随着电气化而增长的水加热负荷。

（2）能量储存。

① 固态可调储热器，可部署在建筑围护结构中，以改变加热/冷却负荷；

② 与建筑暖通空调系统耦合的新型 PCM。

（3）农业抽水

基于物联网的智能灌溉系统，用于抽水减负荷和转移。

5.6.2　电动汽车的战略考虑

加州的目标是到 2030 年实现 500 万辆零排放汽车上路，其中大部分将是电动汽车。[①] 将这些电力负载整合到电网中，同时减少二氧化碳排放并保持可靠性将是一项重大挑战。因此创新技术对于迎接挑战将至关重要。

我们认为以下技术对加州最重要。

（1）车辆电网集成通信协议。

用于车辆电网集成的开放、可靠、安全的通信协议，可桥接所有车辆电网集成协议（IEEE 2030.5、OpenADR 2.0b 和 Open Charge Point Protocol 2.0）。

（2）车辆到电网服务参与。

① 一种嵌入式自动智能充电功能，可接收电动汽车费率，通过将高峰时段充电转换为非高峰时段或将充电功率降低到较低水平，帮助电动汽车与电网集成。

② 先进的智能充电控制算法，用于电动汽车的分布式/集中协调控制，以实现电网服务参与（如需求响应、辅助服务）。

（3）车辆到建筑物和车辆到家庭，用于表计后 DER 集成、峰值需求管理和弹性备用电源。

① 用于双向电动汽车通信和快速控制的先进遥测基础设施。

② 具有低成本逆变器、简化通信和协议及智能充电控制的双向 V2G 系统。

---

① 2018 年 1 月 26 日发布的 B-48-18 号行政命令将加州的 ZEV 目标提高到 2030 年的 500 万辆。此项行政命令还制定了到 2025 年在加州建立 25 万个 ZEV 充电站的目标，其中包括 1 万个直流快速充电器和 200 个氢燃料设施。

第6章 电气化减少二氧化碳排放

6.1 本章引言

本书前面的章节讨论了电力需求和供应。尽管这些行业很重要,但它们在加州二氧化碳排放中所占的份额相对较小。交通运输是加州迄今为止最大的二氧化碳排放源,其次是工业(见图6.1)。在工业中,石油和天然气生产与石油精炼排放仅占所有排放量的一半以上。住宅和商业部门合计排放仅占总排放量的11%。

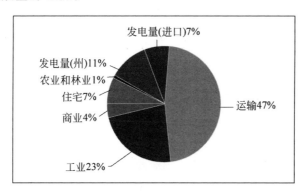

图6.1 2018年加州二氧化碳排放量(按行业,见文后彩图)
资料来源:加州空气资源委员会温室气体清单

可再生能源在未来将占据主导地位,但发电份额将下降。随着电动汽车市场渗透率的持续增加,对汽油和柴油等传统交通燃料的需求将减少,这可能会导致石油和天然气生产及石油精炼的碳排放量减少。国家监管部门也可能进一步出台政策限制石油和天然气产量。[①]

从石油产品向电动汽车用电或氢燃料电池的转变正在成为加州温室气体减排政策的重点。促进这一转变所需的技术相对成熟,但仍然需要更多的研发投入来提高性能和降低成本。然而,CEC 的 EPIC 计划未涵盖这些技术,因此不在本书的讨论范围内。第 5 章已经讨论了与电动汽车集成到电网中相关的技术。

如表 6-1 所示,为了替代工业和建筑行业的化石燃料,有几个选项的相关性因行业而异。

表 6-1　工业和建筑脱碳策略

策　　略	工　　业	建　　筑
目前依赖化石燃料的最终用途的电气化	最适用于低温工艺加热,但也可用于其他应用	适用于所有最终用途
太阳能热供暖	可能用于某些工艺加热	可用于水加热和空间加热
用可再生天然气和(或)绿色氢气(或其他能源载体)替代天然气	如果成本大幅下降,则可能	RNG 或氢气混合在气体分配网络中是可能的
使用化石燃料捕获和储存碳	如果使用氢气的成本具有竞争力,则可能	未必

考虑不同脱碳策略的相对优点超出了本书的讨论范围。虽然本章讨论了潜在的电气技术,但应记住,除电气化外的其他策略可能会证明脱碳更具成本效益,尤其是在高温工业应用中。[②]

电气化总成本包括设备更换所产生的成本,但在许多情况下还包括为支持新技术而大量进行的电气基础设施升级所导致的成本。尽管有新的基础设施支持燃料更换,但表 6-1 中描述的一些途径可以与现有设备一起使用。另外一个考虑因素是,工业应用需要高可靠性,通常是全天候供电。

---

① 为 CARB 制定的脱碳方案显示,石油和天然气生产与石油炼制的最终能源需求将从 2020 年的约 0.85 焦耳(EJ)下降到 2045 年的约 0.2 EJ。

Energy and Environmental Economics. 2020. Achieving Carbon Neutrality in California: PATHWAYS Scenarios Developed for the California Air Resources Board.

② 对于探讨工业脱碳策略,见:McKinsey&Company. 2018. Decarbonization of industrial sectors: The next frontier; Friedmann, S. Julio, Zhiyuan Fan, and Ke Tang. 2019. Low-Carbon Heat Solutions for Heavy Industry: Sources, Options, and Costs Today. Columbia Center on Global Energy Policy; Gregory Thiel and Addison Stark. 2020. To decarbonize industry, we must decarbonize heat. Joule. https://doi.org/10.1016/j.joule.2020.12.007.

6.2　工业电气化

工业部门包括制造业、石油精炼及石油和天然气生产与加工行业。2018年,石油和天然气生产和加工及石油精炼所产生的二氧化碳排放量占加州工业二氧化碳排放总量的一半以上(见图6.2)。然而,随着时间的推移,如前所述,由于交通运输方式逐渐电气化,这些排放量可能会下降。二氧化碳排放的第二大行业是水泥、化学品和食品行业。

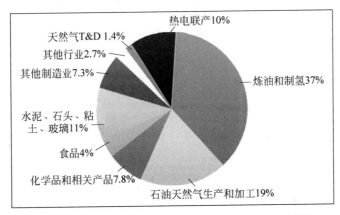

图6.2　2018年加州工业二氧化碳排放份额(见文后彩图)
包括工艺相关排放,但不包括购电的间接排放
资料来源:加州空气资源委员会温室气体清单

如上所述,电气化可能不是许多工业应用脱碳的最低成本选择。在为加州空气资源委员会(California Air Resources Board)准备的2045年脱碳方案中,由于用电阻锅炉替代传统燃气锅炉的成本较高,因此分析师选择用直接氢气燃烧的方式替代传统锅炉燃烧天然气的方式。[①] 对于过程加热,他们假设碳捕获和封存(carbon capture and sequestration,CCS)技术将用于需要高温热量的行业,如水泥、玻璃和初级金属制造业,并且假设在具有较低温度加热要求的应用中,剩余的工艺热量将通过电加热技术来满足,尽管使用氢气或其他能量载体可能是许多应用的合适选择,并且可能更具成本效益。后一种方法非常适合化工和炼油行业的经验、价值链和运输要素。它还将避免对基于化石燃料和蒸汽的现有基础设施进行一些成本昂贵的

---

① Energy and Environmental Economics,op. cit.

改变。

有许多电气技术可用于工业应用。最具交叉优势的电气化机会包括低至中温工艺加热、机器驱动和间歇燃料切换(如混合锅炉)。[①] 专业材料生产、加热/干燥、表面固化和熔化过程中存在行业特定的电气化机会。

6.2.1　工艺加热

在美国,工艺加热比任何制造应用都要消耗更多的能源。工艺加热的方式多种多样,其中流体加热和蒸馏、干燥、金属精炼和煅烧是主要用途。低温范围(小于150℃)为电气化提供了最佳机会。这一范围几乎占据了食品工业使用的所有工艺热能,占化学工业使用的总工艺热能的一半以上。

尽管电力成本可能是采用电子技术的障碍,但事实证明其在诸如通过红外、微波和射频技术进行固化和干燥及通过感应系统进行加热和熔化等应用中具有优于基于燃料的过程加热的优势。电过程加热可以通过在需要的地方直接输送能量来增加输送到产品的有用热能的比例。电过程加热技术具有灵活性,并且过程参数通常可以被监测和主动控制。

电子技术还提供了提高速度和产量及提高产品质量的机会。例如,食品制造中流动液体(或悬浮液)的微波体积加热技术可以有效地加热产品,同时最小化对热敏元件的热损伤。它还为食品提供了一种微生物灭活(巴氏杀菌和杀菌)的方法,具有更快速、均匀加热的优点。[②]

根据温度范围和工艺参数,有许多用于提供工艺热量的电气技术选项。尽管在诸如感应、介电、电弧、等离子体和电子束加热等有前途的技术中仍存在研发需求,但这些技术本身是商业可用的。然而,它们的使用通常受限于其他加热技术不能提供足够的产品质量或加工速度的利基应用。将电加热技术集成到各种生产过程中仍然是一项重大挑战。

工业热泵由于具有高效率而备受关注。它们为低温范围内的某些应用提供了潜在的替代品,可以为工艺加热或预热、工艺水加热和冷却、蒸汽生产和产品干燥提供热量。大量研发集中于散热器温度高于120℃的热泵。所检查的热泵循环主要是单级循环,在某些情况下包含用于过热的内部热

---

① Rightor, E., A. Whitlock, and R. Neal Elliot. July 2020. Beneficial Electrification in Industry. American Council for an Energy-Efficient Economy. https://www. aceee. org/research-report/ie2002.

② U. S. Department of Energy. 2015. Quadrennial Technology Review 2015, Process Heating Technology Assessment.

交换器或用于向压缩机中注入蒸汽的节能器。[①] 散热器温度为 160℃的热泵有望在未来几年内达到市场成熟度。多级蒸气压缩循环和反向布雷顿循环的案例研究表明,在某些应用中,供应温度高达 280℃在技术上和经济上都是可行的,并且可能会达到更高的温度,这取决于合适热源的可用性。[②] 如果这些技术被证明是可行的,它们将极大地扩大工业热泵的潜在市场。此外,从分子层面设计工作流体的新方法可以为新的高温循环提供最佳工作流体。[③]

6.2.2　能源密集型工业

能源密集型行业,如钢铁、炼油、化工和水泥业,通常需要高温,而且更难通电。虽然加州没有钢铁生产行业,但除钢铁外的其他行业都是重要行业。

化学品

氨、乙烯和甲醇等商品化学品的生产会通过化石燃料的燃烧排放温室气体。电驱动化学反应有许多可能的途径,电化学方法比传统的热化学方法有一些优势。[④] 例如,在氨生产中,目前实践的热化学 Haber Bosch 工艺需要高温和高压环境,这要求大型集中反应器具有经济可行性。通电可允许氮气和水在低温和低压下反应形成氨,这有利于模块化。氨合成反应器还有一个额外的好处,即体积小得多,并且可布置于可再生能源附近。

在能量密集型乙烯生产中,微波强化裂解技术利用高频电磁能的辐射传热,对反应物进行直接体积加热,与裂化工艺步骤中的传统炉能耗相比,预计可节省直接工艺能耗的 30%～50%。欧洲六家化工公司组成的联合体正在调查石脑油或天然气蒸汽裂解炉的发电潜力。[⑤]

---

① Arpagaus,Cordin,et al. 2018. High Temperature Heat Pumps：Market Overview,State of the Art,Research Status,Refrigerants,and Application Potentials. International Refrigeration and Air Conditioning Conference. Paper 1876. https://docs. lib. purdue. edu/iracc/1876.

② Zühlsdorf B. ,F. Bühler, M. Bantle, and B. Elmegaard. 2019. Analysis of Technologies and Potentials for Heat Pump-Based Process Heat Supply above 150℃. Energy Conversion and Management：X 2（April）：100011. www. sciencedirect. com/science/article/pii/S2590174519300091?via% 3Dihub.

③ Yu Peiyuan,Anubhav Jain,Ravi S. Prasher. 2019. Enhanced Thermochemical Heat Capacity of Liquids：Molecular to Macroscale Modeling. Nanoscale and Microscale Thermophysical Engineering,23：3,235-246,DOI：10.1080/15567265.2019.1600622.

④ Schiffer,Zachary J. and Karthish Manthiram. 2017. Electrification and Decarbonization of the Chemical Industry. Joule 1,10-14.

⑤ https://www. borealisgroup. com/news/petrochemical-giants-form-consortium-cracker-of-the-futureand-sign-agreement.

在荷兰,研究人员和工业界之间的合作包括一个直接电合成化学积木和高价值产品的项目。[①] 该项目的重点是:①使用电氧化和电还原将可再生原料转化为特殊化学结构块的电有机合成;②将CO_2电还原为C1结构块,重点是甲酸、CO和乙烯作为其他反应的关键原料;③成对的电合成,其中在电化学电池的阴极和阳极处产生产物。

将CO_2电化学转化为化学原料提供了一种将废物排放转化为有价值产品的方法。近年来,用于CO_2还原的电催化材料的研究和开发得到了加强,选择性、效率和反应速率方面的进展正朝着实际应用的方向发展。[②] 多种化学产品可由CO_2制成,如醇、含氧化合物、合成气(合成气)和全球化学工业中的不可缺少的烯烃。

开发新催化剂对化学工业的电气化至关重要。开发出具有提高活性、选择性和液体产品(如甲醇)稳定性的CO_2还原催化剂具有可行性。对于广泛的反应化学,原子和分子精确催化剂的相互作用、原位光谱和表面的计算建模将对电催化剂的发现产生重大影响。[③]

水泥

生产中的水泥脱碳策略正受到越来越多的关注。瑞典国有能源公司Vattenfall通过与水泥生产商Cementa的合作得出结论,水泥过程中的加热电气化在技术上似乎是可行的,但这将导致水泥生产成本增加一倍。[④] 关于如何建设试点工厂的研究正在进行中。

水泥生产的深度脱碳需要对石灰石分解产生的二氧化碳排放及煅烧和烧结过程中化石燃料燃烧产生的二氧化碳进行修复。研究人员开发了一种基于电化学的方法来生产可用于波特兰水泥的熟料。在这种方法中,电化学脱碳反应器同时用作电解槽和化学反应器,因为它还在阳极产生O_2/CO_2流,在阴极产生H_2。[⑤] CO_2可以直接捕获,而不需要昂贵的CCS工艺,如胺洗涤。O_2/CO_2流也可用作窑中的氧燃料。氧燃料燃烧产生的烟气中含有

① https://www.voltachem.com/research/power-2-chemicals.

② De Luna, P., C. Hahn, D. Higgins, S. Jaffer, T. Jaramillo. 2019. What would it take for renewably powered electrosynthesis to displace petrochemical processes? Science 26 Apr 2019: Vol. 364, Issue 6438, DOI: 10.1126/science.aav3506.

③ Friend, C. M., and B. Xu. 2017. Heterogeneous catalysis: a central science for a sustainable future. Acc. Chem. Res. 50, 517-521.

④ https://group.vattenfall.com/press-and-media/pressreleases/2019/vattenfall-and-cementa-take-thenext-step-towards-a-climate-neutral-cement.

⑤ Ellis, Leah, et al. 2020. Toward electrochemical synthesis of cement—An electrolyzer-based process for decarbonating $CaCO_3$ while producing useful gas streams. PNAS 117 (23) 12584-12591. https://www.pnas.org/content/117/23/12584.

较高浓度的CO_2,这将使碳捕获更有效。产生的氢气可以用作燃料,为反应器或水泥厂的其他操作提供动力。H_2或CO_2也可以用作其他工艺中的原料。一项简单的经济分析表明,如果可以获得低成本的可再生电力,电化学工艺相比于传统水泥厂将更加具有成本竞争力,其中传统水泥厂使用烟气的胺洗涤来捕获和封存碳。

目前研究人员已经提出了另一种方法,其中来自部分或全氧燃料水泥厂的废气将耦合到一个腔室,在该腔室中,熔融碳酸盐电解质中的CO_2将通过电解在钢阴极处转化为碳纳米管,并在镍阳极处转化为氧,该镍阳极被回环以提高水泥生产线的能量效率和生产率。碳纳米管在电子、光学和其他材料科学和技术中有许多应用。

6.2.3　总结

表6-2总结了工业过程电气化的一些技术创新。

表 6-2　工业过程电气化的技术创新

技　　术	描　　述	技术成熟度
工业热泵	先进的设计可以提供160℃的散热片温度	中
	多级蒸气压缩循环和反向布雷顿循环可提供高达280℃的温度	低
化学工业的电化学过程	各种电化学方法有可能取代传统的热化学方法。电催化可在整个化品供应链中实施,并可包括基础结构块的电合成、结合生物催化工艺的高价值精细化学品及传统热催化途径的补充	低到中等
电化学法生产水泥熟料	电化学脱碳反应器同时用作电解槽和化学反应器。CO_2可以直接捕获,而不需要昂贵的CCS工艺,如胺洗涤	低

6.3　建筑电气化

住宅和商业部门的二氧化碳排放主要来自天然气燃烧。空间供暖约占燃料消耗的40%,水供暖占34%(见表6-3)。

表 6-3　2016 年加州建筑现场燃料消耗　　　　单位:%

	住宅	商业	总计
空间供暖	25	15	40
水加热	24	10	34

	住宅	商业	总计
其他	15	11	26
总计	64	36	100

注：燃料主要是天然气和一些丙烷。热水包括洗衣机和洗碗机所使用的热水。在住宅建筑中，"其他"主要是烹饪和晾晒衣服。在商业建筑中，"其他"主要是烹饪。

资料来源：Synapse 能源经济学(2018 年)。

电气化是减少加州建筑温室气体排放的潜在战略的一个重要因素，并可能带来其他好处。对于家庭来说，电气化可以通过替代燃气器具来提高安全性。在烹饪方面，电气化还可以减少室内空气污染物对燃气烹饪设备的暴露。

6.3.1　空间加热

各种配置的热泵是一种技术成熟的设备，可用于替代住宅和商业建筑中的天然气设备。阻碍其被采用的主要障碍是建筑商与建筑业主对此缺乏熟悉度，在许多改造情况下，尤其是在需要电气工程来满足电力需求的情况下，其初始成本较高。

第 2 章中讨论的新型热泵可以在促进空间供暖电气化方面发挥作用，前提是它们可以提高供暖侧效率或降低总体成本。此外，降低供暖负荷的建筑效率措施有助于最大限度地减少热泵的尺寸(降低成本)，并减少热泵可能需要依靠其电阻备用加热来满足寒冷天气需求的时间。

6.3.2　水加热

热泵热水器在市场上流通的时间比暖通空调热泵短，但其目前是一项成熟的技术。主要的新兴创新是一种可在 120 V 电压下运行的装置，这将使得能够对缺乏 240 V 服务的老式住宅进行成本更低的改造。原型 120 V 热泵热水器能够省去备用电阻加热元件，并以更高的设定值储存热水。

6.3.3　其他终端用途

对于烹饪，高效的电气化替代技术是感应炉(或单个燃烧器)。与其他电气和气体表面相比，感应式炉灶更安全，因为没有可以点燃易燃材料或烟雾的辐射热源、红色热盘管或明火。

通过热泵衣物烘干机可以实现衣物干燥的有效电气化。目前相关技术已经成熟，主要障碍是采购成本较高。

正在开发的一种新的衣物干燥技术使用压电换能器产生的高频超声振动代替热加热,以机械方式从织物中提取水分。美国能源部和通用电气(GE)开发了一种超声波衣物烘干机原型,它可以在传统衣物烘干机所需时间的一半左右烘干一批衣物,效率是传统电动衣物烘干机的 3~5 倍。[①] 该技术的第一批应用可能部署在工业和商业部门。

6.4　加州的战略考虑

工业。电气化是许多工业过程的一种选择,特别是那些需要低温热量的过程,但其成本效益可能低于使用可再生电力或碳捕获与封存技术产生的氢气的技术。改善工业过程的电子技术将是最具吸引力的。此外,对能够提高供热温度的工业热泵进行创新可以极大地扩大这种非常高效的技术的潜在市场。

加州的工业采用电子技术的一个重要障碍是,就输送能源而言,工业部门的电力与天然气价格之比是全国最高的。成本是参与国内或国际市场的行业所优先考虑的事项。提高天然气价格的政策,如严格限制二氧化碳排放或碳收费,可以提高电力的竞争力,并有助于为脱碳行业的不同战略创造一个公平的竞争环境。

建筑。建筑部门电气化的技术和经济障碍远低于工业部门。对于空间供暖和水供暖而言,热泵是一项成熟的技术,但使用新的方法和全球变暖潜力值非常低的制冷剂可以提高效率,从而帮助实现温室气体减排目标。

然而,家庭电气化可能会给电网带来问题。在下午 5:00—9:00 这段时间,当可再生电力供应不足时,电供暖、水供暖和烹饪都会增加系统的峰值需求。如第 5 章所述,部分负荷可能会偏离峰值,用于空间供暖和水供暖而不用于烹饪。另一个问题是,在冬季,太阳能发电量处于最低水平时,对空间供暖的需求最多。

解决这一问题可能需要对负荷转移进行重大激励,以及采取能够与电网运营商进行良好沟通的智能控制。家庭电储能系统与现场太阳能光伏相结合有助于减少对电网的需求。对于整个电力系统而言,满足与建筑物电气化相关的高峰需求可能需要对日常需求的电力储存和需求灵活性策略进行大量投资,并需要长时电力储存以满足季节性需求。

---

① https://www.utilitydive.com/news/ge-doe-roll-out-ultrasonic-clothes-dryer-prototype-to-reduceenergy-consum/440893/.

第 7 章 提高电力供应的可靠性和弹性

7.1 本章引言

气候变化对加州的自然资源产生了严重影响,并威胁到该州电力系统的弹性。近年来,严重的干旱、洪水、热浪及越来越多的破坏性野火正在考验加州电力基础设施的可靠性及其对电力中断的抵御能力。[①]

在加州,电力系统正朝着更分散的可再生能源发展,屋顶光伏、电池储能和风力发电的数量逐渐增多,可以在电力可靠性和弹性方面提供局部改善潜力。随着可变可再生能源的显著增加,大容量电力系统中的电力平衡也从每天的时间尺度演变为每小时、分钟、秒和毫秒的时间尺度,这引发了对有助于保持电网可靠性的系统频率和惯性的担忧。[②] 这些领域的创新技术可以帮助解决这些问题,并支持国家的气候政策。

一些涉及电力储存和负荷管理,并有助于提高配电系统可靠性和弹性的能源技术已在本书的前几章中介绍。本章将介绍可支持这一目标的其他新兴技术,其中一些技术来自能源部门之外。

需要注意的是:本章的表格中列出的 TRL 是基于作者阅读相关文献得到的粗略近似值。

---

① 关于弹性的定义及它与可靠性的关系和区别是相互矛盾的。在 2021 年 EPIC 临时投资计划草案中,CEC 工作人员使用以下概念来讨论 EPIC 临时研究计划:弹性投资推进技术、知识和战略,以规划、管理大面积或长时间的中断,并从中断中恢复。可靠性投资促进了技术、知识和运营策略的发展,从而减少了电力服务中小规模或短时间中断的频率或影响。

② U. S. Department of Energy. 2017b. Transforming the National Electricity System: the 2ndInstallment of the Quadrennial Energy Review. https://www.energy.gov/sites/prod/files/2017/02/f34/Quadrennial%20Energy%20Review—Second%20Installment%20%28Full%20Report%29.pdf.

7.2　人工智能和机器学习

　　尽管机器学习和更广泛的人工智能技术已经普遍用于超级计算、在线购物和智能设备(如 Siri、Alexa)等领域,但这些功能在公用事业部门中并未得到广泛应用。[①]

　　机器学习和人工智能具有优化能源资产的产生、需求、运营和维护的潜力,能够帮助人们更好地理解能源使用模式,并提供更好的电力系统稳定性和效率。随着加州最近野火频发,这一技术领域有可能帮助我们更好地预测可能引发火灾及其潜在蔓延的脆弱地点。以下将介绍值得进一步研究和开发的一些有前景的领域。

7.2.1　人工智能驱动的智能电网控制

　　人工智能方法正在被用于开发新技术,这些技术可以为高级计量基础设施(advanced metering infrastructure,AMI)的预测分析提供有用的见解,如客户使用行为、营销、动态定价和配电网规划和调度。[②] 这些技术对于目标需求响应计划尤其有益,能够使公用事业和客户更快速、高效地实时响应高峰需求,并提供更稳定、可靠的系统。[③]

7.2.2　增强和虚拟现实

　　增强现实和虚拟现实技术在公用事业领域逐渐崭露头角,其可以显著改善公用事业公司对停电或设备损坏的响应方式,实现服务领域景观的数字化增强,从而更有效地评估和诊断系统中的问题。一些增强或虚拟现实技术允许公用事业人员在智能设备上查看叠加的数字信息,以帮助确定问

　　① Wolfe,F. 2017. How Artificial Intelligence Will Revolutionize the Energy Industry. http://sitn. hms. harvard. edu/flash/2017/artificial-intelligence-will-revolutionize-energy-industry/.

　　② Itron. 2020. Itron and Innowatts Collaborate to Deliver AI-Powered AMI Predictive Insights to Electric Utilities. https://investors. itron. com/news-releases/news-release-details/itron-and-innowatts-collaboratedeliver-ai-powered-ami.

　　③ Antonopoulus I. , et al. 2020. Artificial intelligence and machine learning approaches to energy demand-side response: A systematic review. Renewable and Sustainable Energy Reviews, Volume 130,September 2020,109899.

　　Joshi N. 2019. AR And VR in the Utility Sector. https://www. forbes. com/sites/cognitiveworld/2019/09/29/ar-and-vr-in-the-utilitysector/?sh=2621bd0966a1.

题的确切位置。[①]

7.2.3 用于电网性能和网络安全的人工智能

将人工智能纳入电网规划有助于提高大容量电力系统的可靠性和弹性。人工智能不仅可以通过增强配电系统的态势感知来帮助系统规划人员，还可以通过考虑更广泛的可能场景来增强负荷和价格预测模型，以帮助系统运营商更好地查明情况并做出更可靠的决策。考虑到分布式和可变发电源数量不断增加的电网环境，这一点尤其如此，并且这些发电源可以产生数十亿种不同程度的潜在故障场景。[②]

监测电网性能的另一个方面是使用人工智能和机器学习来增强网络安全。[③] 改进的机器学习技术，如人工神经网络、决策树和支持向量机，已在文献中被证明为电力系统研究的有效方法，但这些技术在实践中却很少被应用。

随着电力系统中的互联网连接设备越来越多，逐渐出现了利用其弱点的新方法。加州政府正在认真对待这一问题，根据 SB 327 制定了全国首个物联网设备网络安全标准。[④] LBNL 目前正在进行几个由美国能源部资助的项目，重点是开发用于监测和保护电网控制系统设备的工具。[⑤] 这项工作专门研究智能技术，如帮助自动化电网保护和应对网络攻击的最先进传感器。例如，如果大量智能逆变器受到损害，可能会导致出现损害电压和在极端情况下可能引发停电的软件操纵事件。为了缓解这一问题，研究人员正在研究逆变器的行为，观察电压振荡的时机，并帮助响应较不激进的电压设置。这项研究表明，智能技术的应用对于打击网络攻击具有显著的潜在好处。[⑥]

---

① Florida Power and Light. 2020. Advanced Smart Grid Technology. https://www. fpl. com/smartmeters/smart-grid. html.

② Nunes C. 2019. Artificial intelligence can make the U. S. electric grid smarter. https://www. anl. gov/article/artificial-intelligence-can-make-the-us-electric-grid-smarter Wolfe, 2017, op cit.

③ Alimi O. , K. Ouahada, A. Abu-Mahfouz. 2020. A Review of Machine Learning Approaches to Power System Security and Stability. IEEE Access. https://ieeexplore. ieee. org/document/9121208.

④ CA Legislature. 2018. California Senate Bill No. 327, Chapter 886: An act to add Title 1. 81. 26 (commencing with Section 1798. 91. 04) to Part 4 of Division 3 of the Civil Code, relating to information privacy. https://leginfo. legislature. ca. gov/faces/billTextClient. xhtml? bill _ id = 201720180SB327.

⑤ Berkeley Lab Cybersecurity R&D. 2020. Cybersecurity for Energy Delivery Systems Projects. https://dst. lbl. gov/security/research/ceds/.

⑥ Peisert S. and D. Arnold. 2018. Cybersecurity via Inverter-Grid Automated Reconfiguration (CIGAR). https://www. energy. gov/sites/prod/files/2018/12/f58/LBNL%20-%20CIGAR. PDF.

Roberts C, et al. 2019. Learning Behavior of Distribution System Discrete Control Devices for CyberPhysical Security. https://www. cs. ucdavis. edu/~peisert/research/2019-TSG-Infer-Control. pdf.

7.2.4 深度学习

深度学习涉及使用更复杂的多层学习算法来解决由于输入数据不好而导致的 AI 性能较差的问题,例如,可以帮助改进预测规划模型。该技术还具有处理智能计量产生的大数据的能力,通过更好地了解基础数据,可以提高电力系统的可靠性。这项技术已在多个领域得到验证,但尚未在能源行业得到验证。[①]

7.2.5 人工智能的局限性和对更好数据与数据量测的需求

尽管人工智能显示出了巨大的应用前景,但学习算法的质量仅与人工智能工具所需的测量数据的质量相一致。美国能源部最近的一份报告强调,真实的运营数据不易用于研究和开发,而是通常被视为采集实体的专有数据。[②]

此外,该行业及具有专业知识以帮助解决这一问题的国家实验室和大学缺乏人员或劳动力。虽然其本身不是一项"技术",但缺乏确保能源行业工人具备成功使用这些下一代技术的材料和工具。因此需要开展更多的工作,从而推动更多具有电力和能源数据分析专业知识的数据科学家投身到人工智能行业中。

用以识别误导信息并提高所收集信息质量的算法正处于开发阶段。NREL 和美国能源部正在合作使用人工智能,通过专注于检测异常或潜在错误的数据测量,来提高超级计算中的数据中心的效率和能源使用率。[③] 最近一些能够检测不良数据的先进技术得到了测试,这些技术将称为极限学习机的先进机器学习与基于密度的空间聚类算法相结合。[④] 这些技术的结

① Pouyanfar, Samira, et al. 2018. A Survey on Deep Learning: Algorithms, Techniques, and Applications. https://www2. cs. duke. edu/courses/cps274/compsci527/spring20/papers/Pouyanfar. pdf.

Wang, Y. , Q. Chen, T. Hong, C. Kang. 2019. Review of Smart Meter Data Analytics: Applications, Methodologies, and Challenges. IEEE Transactions on Smart Grid, vol. 10 (3). https://ieeexplore. ieee. org/stamp/stamp. jsp? tp=&arnumber=8322199&tag=1.

② SEAB AIML Working Group. 2020. Preliminary findings of the SEAB to Secretary of Energy Dan Brouillette regarding the Department of Energy and Artificial Intelligence. https://www. energy. gov/sites/prod/files/2020/04/f73/SEAB% 20AI% 20WG% 20PRELIMINARY% 20FINDINGS _ 0. pdf.

③ NREL and HPE Team Up to Apply AI for Efficient Data Center Operations. 2019. https://www. nrel. gov/news/program/2019/nrel-and-hpe-team-up-to-apply-ai-for-efficient-data-centeroperations. html.

④ Huang, Heming, et al. 2018. Robust Bad Data Detection Method for Microgrid Using Improved ELM and DBSCAN Algorithm. https://ascelibrary. org/doi/10. 1061/%28ASCE% 29EY. 1943-7897. 0000544.

合,在快速、有效检测异常数据方面显示出广阔的前景。

检测异常或错误数据测量的方法正在开发中,其中一些方法涉及人工智能。不良数据可能由电表故障、通信错误、异步测量、人为错误和数据攻击导致,所有这些都可能给电力系统的可靠性带来威胁。机器学习和人工智能依赖测量数据,如果数据输入不好,它们的表现就会受到限制。这个问题是一把双刃剑,因为机器学习和人工智能不仅依赖历史数据来训练模型,还依赖新的测量数据来提供前瞻性。[①] 为了检测电力系统中的错误数据注入,机器学习方法正在用于帮助识别系统中的不良数据。[②]

表 7-1 总结了人工智能的各种技术创新,以帮助提高电力系统的可靠性和弹性。

表 7-1   提高电力系统的可靠性和弹性的人工智能技术创新

技　　　术	描　　　述	技术成熟度
AI 驱动的智能电网控制技术	在 AMI 智能电网数据上使用 AI,以更好地了解客户行为并帮助提高 DR 项目的性能	TRL 3～TRL 5
增强和虚拟现实技术	提供虚拟或增强现实的工具,可帮助公用事业班组人员更快、更准确地评估停电或设备损坏	TRL 4～TRL 7
改善电网性能的 AI	人工智能推动了人工神经网络等技术在计算模型中的应用,以改进负荷和价格预测的事件分类	TRL 2～TRL 4
深度学习技术	下一代人工智能技术应用多层复杂思维或随机模型平均来提高性能和处理智能仪表大数据的能力	TRL 3～TRL 5
劳动力培训工具	公用事业行业需要改进技术,以培训使用先进技术的下一代公用事业员工	TRL 3～TRL 5
提高人工智能的数据测量技术	检测异常或错误数据测量的方法,其中一些涉及人工智能	TRL 2～TRL 5

7.3   大数据分析

智能电网的一个重要组成部分是 AMI。加州安装了近 1100 万个智能电表,代表了 70% 的电力用户,公用事业公司现在拥有大量具有洞察力的计

①   Redman T. C. 2018. If Your Data Is Bad, Your Machine Learning Tools Are Useless. https://hbr. org/2018/04/if-your-data-is-bad-your-machine-learning-tools-are-useless.

②   Yu B. et al. 2020. The data dimensionality reduction and bad data detection in the process of smart grid reconstruction through machine learning. PLoS ONE 15(10): e0237994. https://journals. plos. org/plosone/article?id=10. 1371/journal. pone. 0237994.

量数据。① 当运用良好时,智能电表的数据允许以更快的速度检测停电和恢复服务,并使客户能够在基于时间的费率下控制电表的使用。② 随着向能够实现电力和数据双向流动的智能电网的转变,公用事业有可能通过更好地分析这些数据来改善能源使用的有效调度并提高可靠性。然而,传统的数据分析方法不足以处理来自各种分布式来源的高频和海量的数据。当前的实践倾向于汇总数据以便于计算,但这可能会导致忽略有价值的信息。③ 虽然数据分析这项技术在某些行业易于使用,但其在能源行业的使用仍处于早期阶段。④ 最近的一项研究提出了使用智能计量数据进行数据分析的三大应用:负荷分析、负荷预测和负荷管理。⑤

动态能量管理系统

动态能量管理系统(dynamic energy management systems,DEM)利用复杂的模拟,可以基于随机化技术提供全局最优的解决方案。尽管 DEMs 被认为是传统能源系统的常规应用,但由于其实时运行和解决更复杂优化问题的复杂性,DEMs 对于智能电网来说仍然是新兴事物。⑥ 开发出能够根据大量 AMI 数据实时评估负荷模式,并提供强大的分析能力以优化双向电力流的系统是一项挑战。其中能够在系统内高效和动态通信的复杂通信系统是开发重点。⑦ 能够与多个源(智能仪表、调度程序、太阳辐射传感器、风速计、继电器等)交互通信的系统能够做出更有效的决策,从而可以提高可靠性和弹性。

与此相关地,先进的分布式能源管理系统(distributed energy resource management system,DERMS)代表了基于软件的解决方案,旨在解决太阳

---

① York D. 2020. Smart meters gain popularity, but most utilities don't optimize their potential to save energy. https://www. aceee. org/blog-post/2020/01/smart-meters-gain-popularity-most-utilities-dontoptimize-their-potential-save.

② California Public Utilities Commission (CPUC). The Benefits of Smart Meters.

③ IEEE Smart Grid Big Data Analytics, Machine Learning and Artificial Intelligence in the Smart Grid Working Group. Big Data Analytics in the Smart Grid. https://smartgrid. ieee. org/images/files/pdf/big_data_analytics_white_paper. pdf.

④ Walton R. 2020. Most utilities aren't getting full value from smart meters, report warns. https://www. utilitydive. com/news/most-utilities-arent-getting-full-value-from-smart-meters-reportwarns/570249/.

⑤ Guerrero-Prado J, et al. 2020. The Power of Big Data and Data Analytics for AMI Data: A Case Study. Sensors v20 (11). https://www. ncbi. nlm. nih. gov/pmc/articles/PMC7309066/.

⑥ Han D, et al. 2017. Dynamic energy management in smart grid: A fast randomized first-order optimization algorithm. https://www. sciencedirect. com/science/article/abs/pii/S0142061517306518.

⑦ Júnior F, et al. 2018. Design and Performance of an Advanced Communication Network for Future Active Distribution Systems. Journal of Energy Eng. Vol 144 (3). https://ascelibrary. org/doi/pdf/10. 1061/%28ASCE%29EY. 1943-7897. 0000530.

能、储能和需求响应等 DER 的集成问题,同时提高可靠性和电能质量。这些先进的能量管理系统能够调节 PV 或能量存储设备的输出,以确保可靠的电力供应。最近的一个 PG&E 研究项目侧重于增强态势感知和优化 DER 使用的经济性。[①]

7.4　多元数据融合

多元数据融合是一个新兴的研究领域,其重点是将外部数据源与天气等智能仪表数据相结合,以增强对客户行为的理解。这一新兴话题表明,智能电表数据分析不应再局限于电力消耗数据。例如,电力、供暖和制冷的联合负荷预测可以与天气信息同时进行,以评估多个能源系统,从而提高客户行为的可预测性。[②]

表 7-2 总结了大数据分析的技术创新,以帮助提高电力系统的可靠性和弹性。

表 7-2　大数据分析技术创新以提高电力系统的可靠性和弹性

技　　术	描　　述	技术成熟度
动态能量管理系统	能够适应双向智能电表数据并通过应用复杂模拟和算法评估负荷模式的技术	TRL 4～TRL 5
多元数据融合	使用外部数据源(如天气或经济信息)评估智能电表数据,以提高对客户行为的理解	TRL 3～TRL 5

7.5　高级微电网和孤岛

微型电网已经存在了几十年,但最近,微型电网作为一种利用分布式清洁能源(如太阳能光伏和风能)提供本地可靠电源的方式受到了更多的关

---

① Kuga R,et al. 2019. Electric Program Investment Charge (EPIC),EPIC 2. 02-Distributed Energy Resource Management System;EPIC 2. 02 DERMS. Grid Integration and Innovation. Pacific Gas & Electric. https://www. pge. com/pge _ global/common/pdfs/about-pge/environment/what-we-aredoing/electric-program-investment-charge/PGE-EPIC-2. 02. pdf.

② Wang Y, Q. Chen, T. Hong, C. Kang. 2019. Review of Smart Meter Data Analytics:Applications,Methodologies,and Challenges. IEEE Transactions on Smart Grid. Vol 10 (3). https://ieeexplore. ieee. org/stamp/stamp. jsp?tp=&arnumber=8322199&tag=1.

注,这些能源也可以断开连接,并作为一个电气岛发挥作用。然而,这些DER确实对电网稳定性造成了影响,例如,当微电网与电网分离或重新连接时,电压可能会出现波动。[①] 目前的研究主要集中于实现自动化技术和先进控制技术的进步,以帮助确保微电网在孤岛后的稳定运行。

7.5.1　自主能源电网

自主能源电网(autonomous energy grid,AEG)是一种新兴的"干预措施",它可以使用先进的机器学习和模拟来进行自我组织和自我控制,以创建弹性、可靠和可负担的优化能源系统。AEG代表了一组控制和优化策略,这些策略依赖微电网作为构建块,并且可以在没有运营商的情况下运行,因此可以设想未来电力系统是一个由自主微网组成的网络。[②]

7.5.2　计划外孤岛检测

基于大数据的方法正在被用于检测、定位和帮助稳定计划外微电网孤岛事件。[③] 研究关注重点是与智能电网源(包括微电网中的 DER)及相量测量单元(phasor measurment units,PUMs)、故障干扰记录器和微型 PMUs 的大量数据相关的地理空间和时间特征,以便更好地确定计划外孤岛的位置。

表 7-3 总结了微电网和孤岛化的各种技术创新,以帮助提高电力系统的可靠性和弹性。

表 7-3　提高电力系统的可靠性和弹性的微电网和孤岛技术创新

技　术	描　述	技术成熟度
自主能源网	聚合微电网,包括可自主运行的控制和优化策略	TRL 2~ TRL 4
孤岛检测	使用大数据分析来检测、定位和稳定计划外的微电网孤岛事件	TRL 3~ TRL 5

① DOE. 2019. Microgrids and Power Quality. https://www. energy. gov/sites/default/files / 2019/11/f68/22-fupwg-fall-2019-starke. pdf.

② NREL. 2020. Autonomous Energy Grids. https://www. nrel. gov/grid/autonomous-energy. html.

Dyson M. and B. Li. 2020. Reimagining Grid Resilience: A Framework for Addressing Catastrophic Threats to the US Electricity Grid in an Era of Transformational Change. https://rmi. org/insight/reimagining-grid-resilience/.

③ Jiang H. et al. 2017. Big Data-Based Approach to Detect,Locate,and Enhance the Stability of an Unplanned Microgrid Islanding. https://ascelibrary. org/doi/10. 1061/%28ASCE%29EY. 1943-7897. 0000473.

7.6　电网监控和建模

电网被认为是社会运行所必需的基础设施的最关键支柱之一。电网监控和建模是维护电网稳定性和可靠性的关键。电网监测能力的进步包括提高检测和响应系统中更细粒度扰动的能力,改进电压、电流和频率监测,以及能够适应具有更多分布式能源的不断发展的电力系统的更好建模。更好的电网监测和建模有助于提高电力系统的可靠性和弹性。

7.6.1　先进的电网监测技术

目前研究人员正在努力改进电能质量的监测方式。例如,Gridsweep 探头是原型开发阶段的一项很有前途的技术,其设计目的是检测电力系统中非常小的振荡扰动,这些扰动可能会导致连接设备的操作出现问题,从而对电网稳定性产生潜在的不利影响。随着分散能源渗透的增加,该探测器与加州尤其相关。[①] 例如,依据估计系统动态响应的测量指标,帮助防止潜在的连锁停电,以检测电力系统不稳定性的相关技术正在研发中。[②]

7.6.2　同步相量技术

相量测量单元会比传统的监控和数据采集(supervisory control and data acquisition,SCADA)系统更频繁地测量电压、电流和频率。它们为电网运营商提供了更好的态势感知,从而可以帮助防止电力中断。[③] 目前的研究正在探索使用机器学习技术来更快速地分析 PMU 产生的大量数据。这些技术的应用有望提高电力系统的效率、可靠性和弹性。[④]

---

① McEachern Laboratories. 2021. GridSweep instrument. https://gridsweep.com/.

② Bai F. et al. 2016. A measurement-based approach for power system instability early warning. Protection and Control of Modern Power Systems. Vol 1 (4).

③ PJM. 2020. Synchrophasor Technology Improves Grid Visibility.

Advanced Machine Learning for Synchrophasor Technology. https://gmlc. doe. gov/projects/gm0077.

④ Chertkov, M. 2017. Advanced Machine Learning for Synchrophasor Technology. https://www. energy. gov/sites/prod/files/2017/07/f35/9. % 20Chertkov% 20GMLC% 200077% 20June% 2013%202017. pdf.

Robertson R. 2020. Advanced Synchrophasor Protocol Development and Demonstration Project. https://www. osti. gov/biblio/1597102.

7.6.3 综合输配电建模

传统上,建模时认为大功率或传输系统与配电系统相分离。一个新兴的研究领域集中于在配电系统中存在 PV 和其他形式的分布式能源系统的情况下对大容量电力系统的行为进行建模。建模必须以集成的方式考虑两个系统的行为,并考虑以前仅在单独建模每个系统时才考虑的细节。

表 7-4 总结了与电能质量相关的技术创新,这有助于提高电力系统的可靠性和弹性。

表 7-4 提高可靠性和弹性的电网监测技术创新

技 术	描 述	技术成熟度
先进的电网监控技术	硬件、软件或模拟技术,用于检测可能影响电网稳定性的振荡扰动	TRL 3～TRL 4
先进的同步向量技术	使用机器学习进行高级同步相量研究,以更好地预测负荷	TRL 4～TRL 5
综合输配电建模	考虑输配电系统以允许动态实时反馈的建模方法	TRL 2～TRL 4

7.7 双向电力储存

第 4 章描述了电力储存的重要性,因为电网越来越依赖可变可再生能源。储能技术是提高可靠性和弹性的一种有吸引力的手段。近年来,存储技术比柴油备用发电机更受欢迎,因为它们能够全年提供更清洁的电力,而不仅仅是在紧急情况下。尽管成本较高,但在恶劣天气或地震等恢复性事件中持续运行的能力使存储技术越来越具有吸引力。[1] 为实现这一效益,CEC 的 EPIC 计划正在探索一项投资计划,以进一步提高储电能力,从而增强该州的恢复能力。[2]

7.8 加州的战略考虑

为了帮助应对加州电力基础设施可靠性方面的挑战,加州发布了 B-30-

① NREL. 2018. Valuing the Resilience Provided by Solar and Battery Energy Storage Systems. https://www.nrel.gov/docs/fy18osti/70679.pdf.

② California Energy Commission. 2020. Staff Workshop for the Initial Public Workshop for Comments on Long Duration Energy Storage Scenarios. https://www.energy.ca.gov/event/workshop/2020-12/staffworkshop-initial-public-workshop-comments-long-duration-energy-storage.

15 号行政命令,要求在所有部门的战略规划中应对气候变化问题。这包括制定适应性方法,以增强面对不确定气候的韧性。

促进创新技术的使用以增强电力系统的弹性至关重要,包括在电力系统运行和监控(包括改进的大数据分析)中增加人工智能和机器学习的使用。

随着国家电力系统的不断发展,自主电网应得到探索。CEC 的 EPIC 计划为支持更分散的电网和增强电力系统弹性的活动提供了资金,新兴技术的项目演示表明其将有助于解决电网需求。根据这一计划,加州最大的投资者拥有的公用事业公司——太平洋天然气和电力公司正在探索新的新兴技术,这些技术正在使用数据分析和机器学习技术来主动识别即将到期的资产,以便在出现故障之前对其进行更换。[①] 他们还开发并试验了储能资源的自动调峰能力。[①] 2020 年,PG&E 探索了自动无人机,以帮助调查配电系统传感器发出的警报,特别是在火灾威胁较大的地区。[②]

我们应对能够提高国家电力系统可靠性和弹性的项目进行进一步投资,尤其是那些对自然资源产生了迫在眉睫和日益增长的威胁的项目。加州韧性挑战正在支持 12 个项目,以帮助全州地方社区增强应对气候变化的能力。[③] 其中一个直接的、旨在帮助当地电力系统的项目是与西部河滨政府委员会(Western Riverside Council of Governments,WRCG)合作的。WRCG 与其 19 个成员司法管辖区合作,正在制订一项综合计划,旨在增强对公共安全断电、电力短缺和紧急情况的应对能力。该计划将确定在每个管辖区开发独立能源的具体项目和战略,包括备用发电机、储能和当地电力微电网的开发。

---

① PG&E. 2021. Electric Program Investment Charge Project Reports.

② Pacific Gas & Electric. 2020. PG&E Tests and Demonstrates New Technologies on Electric Grid to Increase Safety, Further Mitigate Wildfire Risk. Media report.

③ California Resilience Challenge. https://resilientcal.org/winners/.

第8章 技术创新的交叉领域

诸多技术创新领域将会给能源经济的多个部门带来好处。它们涉及智能制造技术、可提高性能并降低能源生产和能源使用技术成本的先进材料、可减少能源使用的新型制造技术、能大幅减少与材料生产相关的具体能源和碳排放的各种材料的回收利用，以及将在多个领域产生影响的计算技术的进步。本章概述了有助于实现清洁能源目标的更广泛创新领域的一些重要部分。

8.1 智能制造：先进的传感器、控制器和平台

智能制造技术使数据能够广泛应用于企业和制造业供应链的优化。[①]它们有可能改变整个制造业供应链——从矿山开采材料到商品，再到成品。智能制造技术的好处远远不止于节电，但这种节省可能是一种结果。

智能制造技术包括传感、仪表、控制、建模和制造应用平台的基础设施、软件和网络解决方案。这些技术在机器到工厂之间相互作用，以实现实时数据和模型的供应链生态系统应用，这些数据和模型联网可用于企业和生态系统优化，以及监控、诊断、企业/生态系统分析和综合性能指标。

来自先进传感器系统的数据构成了过程控制应用、决策工作流，以及企业和供应链优化的基础。智能制造优化了制造过程，同时最大限度地减少了每个制造步骤的过剩生产。网络化、开放式体系结构、开放存取和开放式应用程序数据平台与"即插即用"功能相结合，可实现跨智能技术的集成和

---

① 这部分来自：U. S. Department of Energy. 2016. Advanced Manufacturing Office MultiYear Program Plan，Draft；U. S. Department of Energy. 2015. Quadrennial Technology Review 2015，Advanced Sensors，Controls，Platforms and Modeling for Manufacturing.

定制,同时确保以低实施成本达到性能标准。

能源管理是智能制造的一个关键方面。许多制造设施都具备某种形式的能源管理系统,该系统提供了一个标准流程,将能源考虑和能源管理纳入日常运营,以提高能源性能。虽然这种持续的过程改进协议是管理制造业能源的有效框架,但需要物理和计算平台,以便在制造过程、设施、企业和供应链中实时、高效地实施能源管理。随着智能制造设备变得更先进、成本更低,在更精细的层面上监控更多类型的设备和工厂操作成为可能,从而实现了更大的节能、减排和生产力效益。

清洁能源智能制造创新研究所(Clean Energy Smart Manufacturing Innovation Insitute,CESMII),由美国能源部赞助,其活动包括:

(1)用于消除能源浪费的推理建模;

(2)用于减法和加法精密制造的能源管理系统;

(3)水泥的智能制造;

(4)通过自动化过程监控和控制实现的节能材料处理;

(5)化学处理的智能制造,空分装置的节能运行。

8.2　先进材料制造[①]

传统材料开发主要基于合成和测试材料的劳动密集型迭代,从发现新材料到实现商业化可能需要 10～20 年。一个先进的计算、实验和数据工具系统可用于以显著加快的速度研究和验证新材料。这种材料开发周期的加速具有实现生命周期节能和更高效清洁能源技术的巨大潜力。提高车辆燃油经济性的轻质材料和提高废热回收潜力的能量转换材料体现了整个制造供应链的一系列潜在效益。

美国能源部先进制造办公室(Advanced Manufacturing Office,AMO)专注于增材制造材料、轻质结构应用材料、低电阻导体材料和新型低成本软磁材料,以减少变压器、余热回收系统、催化剂和具有原子级精确孔的高选择性膜的质量、尺寸和损耗,并用于水净化,燃料电池和工业分离过程。

先进材料制造主要关注的领域如下。

可扩展的制造工艺,适用于一系列导热或导电性能够提高 50% 或更高的材料。具有改进的导热性或导电性的材料可以通过各种应用在制造过程

---

① 依据:U. S. Department of Energy. 2016. Advanced Manufacturing Office Multi-Year Program Plan,Draft. https://www. energy. gov/sites/prod/files/2017/01/f34/Draft%20Advanced%20Manufacturing%20Office%20MYPP_1. pdf.

和产品使用中节约能源。例如,具有较高导电性的金属可以减少某些设备所需的电气材料的数量,从而通过汽车和航空航天应用中的轻量化实现生命周期节能。导热性提高的金属可以提高热交换器的效率。最近,通过向材料中注入碳纳米颗粒,铜、铁和铝等金属的导电性得到了显著改善。应用类似工艺显著提高多种合金导电性将成为可能。

新的工艺技术可以提供商业规模的原子精确产品的生产量。原子精确制造是生产宏观尺度材料组件的概念,其中单个原子相对于其他原子精确定位,没有杂质或其他缺陷。传统材料中的缺陷和夹杂物会导致材料的性能远远低于理论上可能的性能。材料设计和制造技术的新进展可能会使料接近这些理论强度水平。这些材料可以应用于汽车和其他应用中,以减轻质量并创造生命周期节能。原子精确制造的其他应用领域包括制造可大大降低水脱盐能量强度的分离膜,或可降低化学反应所需能量的原子精确催化剂。

有关先进材料制造的挑战和机遇的进一步讨论,请参阅《2015 年四年技术回顾 QTR 2015 技术评估:先进材料制造》。①

8.3 先进复合材料

轻质、高强度质量比和高刚度复合材料已被确定为美国制造业中一项重要的交叉技术。这些材料有可能可以提高运输部门的能源效率,实现更高效的发电,改善低碳燃料的储存和运输,并改进制造工艺。然而,只有开发低成本的碳纤维,以及快速固化树脂系统、创新回收技术、有效的表征方法、工艺设计和控制解决方案等技术的进步,大批量、大规模生产才能在经济上可行。

目标市场是高容量碳、玻璃和新兴纤维复合材料制造,最终用途包括轻型车辆、压缩气体储存、风力涡轮机叶片和工业应用(如高温隔热和膜)。

先进复合材料制造创新研究所正在通过工业合作伙伴关系,为先进复合材料开发成本更低、速度更快、效率更高的制造和回收工艺。先进复合材料制造的创新领域包括:

(1) 通过替代前体、高效工艺和界面工程获得先进的碳纤维技术;

(2) 演示利用再生碳纤维生产高价值中间体和复合材料;

---

① 可在网络获取:http://energy. gov/sites/prod/files/2016/04/f30/QTR2015-6B-Advanced-MaterialsManufacturing. pdf.

（3）将材料表征能力应用于技术进步和基准测试；

（4）增材制造在再生结构纤维复合材料制造和快速成型中的应用。

更多信息请参阅《QTR 2015 技术评估：复合材料》。[①]

8.4　恶劣服役条件下的先进材料

恶劣和极端的服役环境（如高温或化学反应性环境）可能导致或加速产品、设备或部件出现关键故障。所有的热力系统都需要将涡轮机、锅炉和热交换器中的材料置于高温环境,通常与腐蚀性化学环境和机械负载相结合。化学的周期性变化也带来了挑战,如在同一管线中输送天然气和氢气。未来产品的严格应用将提供节能、减排和其他好处,这将需要新材料和新的加工解决方案。

从渐变性能损失到灾难性失效的材料退化可能是由复杂的条件组合造成的,这些条件很难通过实验复制或计算来预测。目前的障碍包括缺乏原位表征技术；对非稳态条件下反应和转化的时间依赖性理解不足；在多尺度环境中缺乏预测能力；以及缺乏用于集成计算材料工程的数据和信息学。

主要挑战如下。

制造业。材料的概念解决方案几乎适用于任何苛刻的条件,但对成本效益高的制造方法却不适用。成本效益高的制造包括材料生产和零件组装,这需要将材料整合到结构中（连接、涂层、密封、润滑等）,并考虑供应链。

材料发现。需要加速材料的发现,以满足未来电力系统的需求。表面和界面是抵御化学攻击、接触机械负载和热阻的第一道防线。块状结构需要对温度、不期望的相变和其他微观结构变化保持弹性。加快材料开发时间将需要使用各种规模的建模来确定潜在的材料解决方案。在国家一级,材料基因组倡议是一项多机构倡议,旨在支持美国机构以两倍的速度、更低的成本发现、制造和部署先进材料。

从能源角度进一步讨论材料在恶劣环境中的应用、挑战和机遇,请参见《QTR 2015 技术评估：恶劣服役条件下的材料》。[②]

---

① 可在网络获取： http://energy. gov/sites/prod/files/2015/12/f27/QTR2015-6E-CompositeMaterials. pdf.

② 可在网络获取：http://energy. gov/sites/prod/files/2016/04/f30/QTR2015-6B-Advanced-MaterialsManufacturing. pdf.

8.5 增材制造[①]

增材制造(additive manufacturing,AM)是从计算机辅助设计模型数据中生成对象的过程,通常是逐层添加,而传统的减材制造方法需要从起始工件中去除材料。新兴的 AM 技术预计将通过显著减少材料和能源使用、消除生产步骤、实现更简单的组件设计、消除昂贵的零件工具,以及支持在使用点增加分布式制造方法而对制造业产生变革性影响。与传统制造相比,增材制造可以减少所需原材料的数量,减轻部件的最终质量,并减少零件数量,从而在多个行业提供生命周期效益。

为了实现增材制造的全部潜力,需要技术解决方案来提高尺寸精度,改善成品零件的机械和物理性能,提高产量,并减小可制造的最小特征尺寸。关键技术挑战如下。

过程控制:需要反馈控制系统和度量,以提高制造过程的精度和可靠性,并在保持一致质量的同时提高产量。反馈控制对于具有快速沉积速率的 AM 工艺尤其具有挑战性。原位调整材料微观结构可以提高性能。

公差:一些潜在的应用需要微米级的打印精度。

表面处理:使用增材技术制造的产品的表面处理需要进一步改进。随着几何精度的提高,表面处理可提高摩擦学(与摩擦、润滑和磨损相关)和美学性能。

材料兼容性:可与增材制造技术一起使用的材料目前仅限于相对少量的兼容材料。需要为增材制造而配制的新聚合物和金属材料,可以提供相关的材料特性,如柔性、导电性、透明度、安全性和低体现能量。

有关更多信息,请参阅《QTR 2015 技术评估:增材制造》。[②]

8.6 回收、再利用、再制造和再循环

各种材料的回收、再利用、再制造和再循环(Re-X)可以显著减少与工业规模材料生产和加工相关的能源使用与碳排放。

[①] 源于:U. S. Department of Energy. Quadrennial Technology Review 2015,Chapter 6: Innovating Clean Energy Technologies in Advanced Manufacturing.

[②] 可在网络获取:Available online at:https://www.energy.gov/sites/prod/files/2015/11/f27/QTR2015-6AAdditive%20Manufacturing.pdf.

由美国能源部资助的 REMADE 研究所与工业界、学术界、贸易协会和国家实验室合作,广泛关注整个材料价值链上的所有材料加工行业,包括生产、再制造和回收。① 研究所致力于降低对金属、纤维、聚合物和电子废弃物等材料的再利用、再循环和再制造产生的至关重要的技术成本。

研究所有 5 个重点领域:

(1) **系统分析与集成**,数据收集、标准化、度量和工具,以了解物料流;

(2) **重用和拆卸设计**,设计工具,以提高材料利用率和寿命结束时的重复使用率;

(3) **制造材料优化**,减少过程中损失、重复利用废料和在制造中利用二次原料的技术;

(4) **再制造和报废再利用**,用于清洁、部件修复、状态评估和逆向物流的高效且经济高效的技术;

(5) **回收和恢复**,快速收集、识别、分类、分离、污染物去除、再处理和处置。

有关更多信息,请参阅 REMADE 研究所技术路线图。②

8.7　使用宽禁带半导体的先进电力电子③

从智能手机和笔记本电脑等手持电子设备到电动汽车和电网规模的可再生能源系统,各种各样的设备、机器和系统都依赖半导体电力电子器件,这些半导体电力电子设备能够转换电力并控制电能(调整电压、电流和频率),从发电到配电。LED 灯具和许多电视机使用的宽禁带(wide band gap,WBG)半导体可以提高下一代电力电子产品的能效,同时降低成本和系统尺寸。④ 硅基电力电子设备的效率通常在 85%～97%;WBG 设备能够将损耗减少一半或更多,并将效率提高到 95%～99%。⑤

与硅基半导体相比,WBG 半导体能够在更高的电压和功率密度下工

---

① https://remadeinstitute.org/.

② https://remadeinstitute.org/technology-roadmap.

③ 基于:https://www.energy.gov/eere/amo/power-america.

④ 带隙是指半导体材料中释放电子所需的能量,这样电子才能自由移动,从而产生电流。WBG 半导体的带隙明显大于硅半导体的带隙。施加在 WBG 半导体上的电流将激发更少的电子穿过间隙,从而实现更好的电流控制并减少能量损失。

⑤ Armstrong,Kristina,Sujit Das and Laura Marlino. April 2017. Wide Bandgap Semiconductor Opportunities in Power Electronics. Oak Ridge National Laboratory. https://info.ornl.gov/sites/publications/Files/Pub104869.pdf.

作,从而能够以更少的芯片和更小的组件提供相同的功率。此外,这些更强大的 WBG 半导体可以在更高的频率下工作,这有助于简化系统电路并降低系统成本。此外,WBG 半导体比硅更耐热。因此,基于 WBG 的电力电子芯片可以在更恶劣的条件下工作,而不会使半导体材料退化。这种更大的热耐受性(300℃与150℃)减少了对大型隔热和额外冷却设备的需求,从而实现了更紧凑的系统设计和节能效果。总之,WBG 半导体的这些性能特性将使技术开发人员能够在未来几十年中继续设计越来越紧凑、高效、可靠和经济实惠的电力电子产品。

第 2 章讨论了 WBG 半导体将变频驱动器的应用扩展到更广泛的工业电机系统尺寸和应用的潜力。这是潜在节电方面最大的领域,WBG 半导体可以节电的其他重要领域还包括如下几项。

消费电子产品和数据中心:数据中心和消费电子产品(如笔记本电脑、智能手机和平板电脑)的电源转换器耗电占美国目前用电量的近 4%,且消费者对这些设施和产品的需求还在继续增长。WBG 芯片可以消除当今执行这些转换的整流器中高达 90% 的能量损失。

可再生能源转换:风力涡轮机和太阳能光伏系统产生的可再生能源必须在上传到电网之前由直流电转换为交流电。WBG 芯片可在逆变器中提供所需的转换条件。

技术上最成熟的可用于电力电子的 WBG 半导体是碳化硅(SiC)和氮化镓(GaN)。这些技术使开发出能够在更高温度、电压和频率条件下工作的紧凑型(高功率密度)、节能型功率组件成为可能。与硅相比,SiC 基功率器件可以在更高的温度下工作,具有更高的热导率、更高的击穿电压、更低的级上电阻、更快的开关速度、更低的传导和接通状态损耗及优异的辐射硬度。GaN 基功率器件的优点包括更高的电子迁移率和更高频率下的更低损耗,这可以使更小的器件具有更高的功率密度。

DOE 正在赞助一个研发联盟 PowerAmerica(也称为下一代电力电子国家制造创新研究所),该联盟致力于将 WBG 半导体技术从实验室原型转移为工作示范模型,最终实现产品商业化。此外,ARPA-E 的 CIRCUITS (Creating Innovative and Reliable Circuits Using Inventive Topologies and Semiconductors)计划旨在加快基于 WBG 半导体的高效、轻量化和可靠功率转换器的开发与部署。CIRCUITS 项目旨在通过推进更高效的设计来建立此类功率转换器的基础,这些设计具有更高的可靠性和更高的总拥有成本。此外,与当今最先进的系统相比,减小的外形尺寸(尺寸和质量)将推动采用更高性能和更高效的功率转换器。ARPA-E 计划曾促使新一代器件的诞生,与传统的硅基半导体器件相比,这些器件能够在更高的功率、电压、频率和温度下工作。CIRCUITS 项目通过设计最适合 WBG 属性的电路拓扑结构,在这些早期项目的基础上进行构建,以最大化电气系统的整体性能。

CIRCUITS 项目产生的创新有可能影响发电或使用电力的高影响力应用,包括电网、工业电机控制器、汽车电气化、供暖、通风和空调、太阳能和风力发电系统、数据中心、航空航天控制表面、无线电力传输和消费电子产品。加州大学伯克利分校(UC Berkeley)正在开展一个专注于数据中心供电的项目。[①] 项目团队正在开发一种原型设备,该设备将电力从通用电网输入(50~60 Hz 时为 110~240 V)转换为直流 48 V,这是数据中心和电信电源的标准。该团队希望,这种基于 GaN 的转换器能够为未来的数据中心彻底重新设计电力输送网络,同时相对于传统转换电路减少 2/3 的能量损失并提高 10 倍的功率密度。

基于自主 WBG 的功率转换模块

虽然一些基于 WBG 的器件已在市场上出售,但 WBG 半导体的许多应用仍在开发中。基于 WBG 的自主功率转换模块是一种潜在的设备,该模块可以灵活地组装以广泛地应用于能量转换。[②]

在各种应用中使用的功率转换器通常是专用的,并且是针对所需的电压和功率额定值而定制设计和制造的。为每个利基应用设计、制造和安装独特的电力转换系统会增加系统成本,并且需要专门的组件、工具和安装知识。此外,各部门较小的生产和安装量也会阻碍利用规模经济的能力。

一个自主、即插即用、大规模制造的基于 WBG 的功率转换模块可以灵活地组装,并广泛地应用能量转换。每个模块都是一个独立的双向交流/直流功率转换器,可以轻松地与其他模块连接,用于需要不同电压和功率额定值的双向交流到直流、直流到交流、直流到直流或交流到交流应用。互连模块不需要监控或集中控制器,这大大降低了安装复杂性,并通过消除单点故障提高了系统鲁棒性。这些模块利用智能、分散的控制器与相邻模块自主协调,可以自动共享电力、处理故障并提供协调行动,如电网辅助服务。这些模块将利用平面和印刷电路板集成无源元件,以降低成本并最大化可制造性。它将利用 WBG 器件来最大化电压处理能力并使系统体积小型化。

基于自主即插即用 WBG 的电源转换模块可以提供:

(1) 系统成本降低 25%。模块的即插即用特性简化了安装,无需定制

---

① https://arpa-e. energy. gov/technologies/projects/data-center-power-delivery.

② 技术开发团队包括劳伦斯伯克利国家实验室、斯坦福大学、Enphase 能源公司和 Power Integrations 公司的研究人员。

电源转换设计。此外,该模块利用先进的制造技术,降低了成本。

(2) 广泛的应用能力可实现更大的规模经济。该模块可用于广泛的应用,包括运输、可再生能源集成、照明和公用事业规模的储能。

(3) 提高系统可靠性。如果某个模块发生故障,相邻模块将自动重新配置以隔离故障并以降低的状态继续运行。

系统的后续维修仅涉及更换故障模块,而不是整个系统。

8.8 节能高级计算[①]

自 20 世纪 70 年代以来,互补金属氧化物半导体(complementary metal-oxide-semicondoctor,CMOS)器件尺寸的缩小提高了能量效率、存储容量,并持续降低了集成电路的成本;缩放的速度被称为摩尔定律。CMOS 器件尺寸有望在 10 年内达到其物理极限。为了保持计算能力的增长,需要进行基础和应用研究,以加速节能 IT 的发展,超越 CMOS 技术的规模限制。这一发展将使低功耗计算和低成本智能电网、建筑电子设备及下一代传感器和电子设备适用于广泛的行业。

材料和器件:需要新的材料和技术,如基于碳纳米管的晶体管和其他纳米级器件。用于超高效计算的新材料和设备包括低电压晶体管概念,如隧道场效应晶体管,以及能量高效存储器,如光学非易失性光子存储和自旋转移扭矩随机存取存储器。

制造业:为了开发和部署新器件的适当制造技术,需要在纳米制造方法方面进行创新,如极紫外光刻、先进光子学和宽禁带器件的异质集成,以及集成电路的三维(3D)堆叠。

系统:需要在材料、设备和系统架构上同时进行创新,以实现超越百亿亿次级的计算能力。

AMO 项目计划的技术目标包括:

(1) 开发和演示到 2025 年使计算能效比 2015 年的最先进水平提高 10 倍的技术;

(2) 开发和展示扩大三维集成电路极限的制造技术;

(3) 开发并演示处理速度比 2015 年商用处理器高 100 倍的处理器;

(4) 开发和演示芯片所占面积为 2015 年技术的十分之一的光电互连技术。

---

① 基于:Advanced Manufacturing Office Multi-Year Program Plan.

　　高性能计算的进步取决于实现百亿亿次级的计算能力,这是计算的下一个飞跃。[①] 百亿亿级系统带来的内存、存储和计算能力的指数级增长将推动如下方面的突破:能源生产、存储和传输,材料科学,增材制造,化学设计,人工智能与机器学习,癌症研究和治疗,地震风险评估,以及很多其他领域。

　　更多信息,请参见:百亿亿次级计算项目(Exascale Computing Project)。

---

　　① 百亿亿次计算是指每秒至少进行一次百亿亿次计算的计算系统(10^{18})。这比目前使用的最强大的超级计算机快 50 倍,比 2008 年投入使用的第一台千兆级计算机快 1000 倍。

第9章 总　结

前面的章节已经提供了大量的证据,证明清洁能源技术创新解决方案的前景充满了希望,可以应对电力系统和经济转型的挑战,从而大大减少对导致全球变暖的燃料的依赖。书中所描述的一些技术已经接近清洁能源初创企业的商业化目标,而另一些技术仍在研究机构和大学的研发进程中。并不是所有的技术都能通过创新途径被主流采用,但其他一些今天鲜为人知的技术可能会被证明是重要的。

根据这些技术对实现加州温室气体减排目标的潜在重要性,对这些技术进行排序超出了本书的范围。此外,新兴技术的任何优先次序都需要考虑到公共政策的其他目标,如加强公共卫生、促进经济发展和解决公平问题。然而,有些观察结果是可能实现的。

可再生能源发电。快速扩大可再生能源发电规模是脱碳战略的核心,这不仅是为了减少电力供应中的二氧化碳排放,也是为了支持汽车和其他用途的电气化。太阳能光伏最有希望满足加州的大部分需求,因此能够降低每千瓦·时成本的技术(通过提高效率或其他方式)非常重要。使用钙钛矿的创新串联结构具有以合理的成本实现 30% 以上效率的潜力,并引起了研究人员广泛的兴趣。以提高钙钛矿在电池或微型模块规模上的效率和稳定性为目标的研发工作正在进行中,这项工作可以应对在相应规模和吞吐量下制造钙钛矿模块的挑战。虽然仍处于初级阶段,但海上浮式风力发电技术具有很大的潜力,其日发电量将与太阳能光伏互补。各种部件的制造、装配和安装过程需要创新。加州有机会成为海上浮式风力技术的领先制造中心。

电力存储。由可再生电源主导的电力系统由于具有间歇性而面临可靠性挑战。当没有足够的可再生能源发电时,各种持续时间的电力储存对于提供电力至关重要,并可以提高可再生电力的价值。许多技术具有提供比锂离子电池更长的储存时间的潜力,包括液流电池、机械储能系统和高温热能储能系统。在季节性储存和提供电力方面,氢气是首选。从可再生电力中以较低成本生产氢气的电解槽是一种迫切需要,而且这不仅仅是在储能方面。先进的燃料电池可以用储存的氢气发电,且其规模比燃烧式涡轮机小。

灵活电力负荷的管理。这也将变得更加重要,以便更好地将需求与可再生电力或储存电力的可用性相匹配。因此需要先进的通信和控制系统,以便在特定的时间和水平上对负载进行管理,同时还能满足居住者的生产力、服务水平和舒适度要求。在整个建筑层面,先进传感器、控制元件和参与电网的通信技术的创新可以提高建筑满足建筑居住者和电网需求的能力。另一个优先事项是对电动汽车进行适当的管理,这可以促进电动汽车作为灵活负荷使用,在可再生能源充足时储存电力,并在高峰期减少需求。为了满足这一资源的潜力,需要改进电动汽车充电基础设施和电网之间的通信互操作性,以在满足充电需求的同时提供最大的需求灵活性。可以采用层次化控制框架对电动汽车进行最优充电控制,通过聚合器对电动汽车进行管理,同时满足电网需求和客户需求。

提高电力使用效率。这对于确保电力需求的增长不超过可再生能源电力供应的增长非常重要。随着气候变暖,空调的能源消耗将会增加,而随着建筑供暖电气化,热泵将增加冬季的电力需求。这就需要对使用全球变暖潜能值很低的制冷剂的蒸气压缩热泵或不使用制冷剂的非蒸气压缩系统进行创新。由于住宅照明发生在晚上,太阳能发电是不可用的,因此提高家庭照明效率是重要的。先进的建筑施工技术和相关技术可以促进零能耗建筑的建设,并允许进行成本更低的改造。它们可以支持部署具有成本效益的零碳或接近零碳的模块化和人造住宅的目标,特别是在资源不足的社区。除了节约能源外,先进的建筑施工技术和工艺也有可能降低房屋施工成本并缩短施工时间。这样一来,这些技术就可以在缓解加州住房危机方面发挥重要作用。

电气化。加州二氧化碳排放的很大一部分来自交通和工业,还有一小部分来自建筑。对于建筑物和轻型车辆,或者可能对于一些工业和重型车辆而言,电气化可能是减少排放的最可行的方法。电气化是许多工业过程的一种选择,特别是那些需要低温加热的过程,但它的成本效益可能不如使用可再生电力制氢或碳捕获和封存。改进工业过程的电子技术将是最有吸引力的。此外,提高供热温度的工业热泵的创新可以极大地扩大这种非常高效的技术的潜在市场。建筑行业电气化的技术和经济障碍比工业行业低得多,但减少热泵设备和安装成本的创新将有助于各个收入阶层实现电气化。

可靠性和弹性。随着电力系统越来越依赖可变发电资源与分布式电力负荷和存储的管理,需要开发新的方法来确保电力在需要时可用,并确保系统能够抵御和恢复与气候变化和外力有关的威胁。机器学习和人工智能是公用事业部门尚未广泛应用的一个有前途的技术领域,增加其在该领域的应用可以帮助优化发电结构,改善需求响应方案和能源资产的运营和维护,更好地了解能源使用模式,并为电力系统提供更好的稳定性和效率。使用虚拟现实技术对服务领域景观进行数字化增强,可以提高态势感知能力,从而更有效地评估和诊断系统中的问题。

交叉领域的技术创新。技术创新领域可以惠及能源经济的多个部门,包括智能制造技术,可以提高性能并降低能源生产和能源使用技术成本的先进材料,可以减少能源使用的新制造技术,可以大幅减少与材料生产相关的隐含能量和碳排放的各种材料的回收利用,计算技术的进步将对许多领域产生影响。鉴于加州研究机构和私营部门在许多领域发挥的主导作用,有机会支持创新,帮助建立一个有活力的经济,并减少温室气体排放。

培育创新渠道

国际能源机构(International Energy Agency)在其最近的清洁能源创新报告中表示:"如果政府和企业想更快地实现净零排放,就需要加快早期技术的发展。"[1]美国国家科学、工程和医学科学院(National academy of Sciences,Engineering and Medicine)发布了一份关于加快能源系统脱碳的报告,呼吁将联邦政府在清洁能源研发和示范方面的投资增加两倍,以提供新的技术选择,降低现有选择的成本,并更好地理解如何管理对社会公正的能源转型。[2]

国家科学院的报告指出,政府在基础研究和商业化之间的资助情况存在严重差距。正在探索的一种方法是增加对创业研究人员的资助。这种方法在目前实验室嵌入的创业项目配置中显示出了前景,如劳伦斯伯克利国家实验室的"回旋之路"或阿贡国家实验室的"连锁反应"。自 2015 年以来,"回旋之路"的研究员已经与伯克利实验室的 70 多名科学家合作,他们创立

---

① International Energy Agency. 2020. Clean Energy Innovation. https://www.iea.org/reports/cleanenergy-innovation.

② National Academies of Sciences,Engineering and Medicine. 2020. Accelerating Decarbonization of the U. S. Energy System. https://nap.edu/resource/25932/interactive/.

的组织已经筹集了超过 3.15 亿美元的后续资金,雇用了 330 多名员工,并在各行业推出了新产品。"回旋之路"与独立非营利机构 Activate 建立了密切的合作关系,Activate 提供专门的创业培训和旨在帮助创新者将其创新成果推向市场的课程。

目前一个相关的技术到市场的项目侧重于构建技术。IMPEL$^+$ 的意思是"在实验室和其他地方培养市场驱动型创业心态"(incubator market-propelled entrepreneurial mindsets at the labs and beyond),它招募早期阶段的创新者,指导他们培养强大的创业技能,并使他们能够获得以公共和私人技术进入市场的渠道。IMPEL$^+$ 由美国能源部建筑技术办公室资助,由 LBNL 实施。

美国能源部的创新集群能源项目旨在鼓励美国各区域能源创新生态系统的强劲增长。该项目为专注于刺激能源硬件开发和相关支持生态系统的创新加速组织提供资金。

在加州,CEC 支持一项名为"加州能源创新生态系统"的倡议。该生态系统为企业家提供了从创意阶段到影响阶段所需的网络、融资机会、指导、设施和专业知识。该倡议包括 CalSEED 计划,该计划为企业家提供启动资金,并将他们的想法发展成概念验证和早期原型。该生态系统还包括 4 个创新集群,它们共同为全加州提供创业支持服务,如实验室设备和建筑、商业计划开发及与投资者的联系。CEC 还赞助了一个名为 CalTestBed 的代金券项目,为清洁能源企业家提供使用全加州近 30 个测试设施的机会,以进行独立的技术测试和验证。

美国国家科学院的报告指出,示范阶段的资金尤其不足。这就产生了一个问题,因为一项新兴技术的最初几次大规模演示往往会带来一定程度的技术和财务风险,从而超出私营部门所能支持的范围。CEC 通过"为绿色能源带来快速创新发展"(bring rapid innovation development to green energy,BRIDGE)项目为示范阶段提供了一些支持。BRIDGE 项目旨在帮助清洁能源初创公司在之前获得的公共资助基础上,吸引他们所需的私人投资,以实现商业化。活动包括向有前景的清洁能源公司提供非稀释性投资,与投资者和商业合作伙伴进行匹配投资。2020 年,共计 2880 万美元的奖金被授予从事能源效率、能源存储、人工智能/机器学习/先进传感、先进电力电子/电力调节及零碳和负碳排放发电的公司。

支持清洁能源技术创新的活动正在国家、国际和国家各级扩大。私营部门对气候技术初创企业的投资正在迅速增长。活动增长的一个后果是,人们可能很难理解技术发展和研发的现状。美国国家科学院的报告指出,由于缺乏相关报告,因此无法清晰获知企业在清洁能源研发方面投资的规模,以及公共投资是否重复私人投资。科学院委员会建议,要求所有从政府获得资金的公司,按投资类型(基础能源科学、应用研发)和类别(如太阳能、风能、智能电网、裂变、负排放、效率),每年报告它们在研发和开发方面的总投资。更好地理解不断增长的清洁能源创业公司,以及孵化器、加速器、风险投资和私募股权投资这些相关领域也会有所帮助。可以建立一个使感兴趣的各方都能找到关于当前各领域清洁能源研发的最新信息的"信息交换中心",这将有助于公共和私营行为体以最有效的方式部署资金和其他支持。

首字母缩略词列表

词 语	定 义
AEG	自主能源网
AEM	阴离子交换膜
AI	人工智能
AI/ML	人工智能与机器学习
AM	增材制造
AMI	先进的计量基础设施
AMO	先进制造办公室(DOE)
ARPA-E	高级研究项目机构能源
BECCS	结合 CO_2 捕获和储存的生物能源发电
BEVs	电池电动汽车
CAES	压缩空气储能
CCS	碳捕获和封存
CEC	加州能源委员会
CO_2	二氧化碳
COP	性能系数
CSP	集中太阳能
DC	直流电
DEMs	动态能量管理系统
DER	分布式能源
DERMS	分布式能源管理系统
DR	需求响应
EGS	强化地热系统
EPIC	电力项目投资费用
EV	电动汽车
GHG	温室气体
GW/(GW·h)	千兆瓦/(千兆瓦·时),10^9 瓦/(10^9 瓦·时)
GWP	全球变暖潜力
H_2	氢

续表

词　语	定　义
HVAC	暖通空调
IGU	绝热玻璃单元
kW/(kW·h)	千瓦/(千瓦·时),10^3 瓦/(10^3 瓦·时)
LBNL	劳伦斯伯克利国家实验室
LDES	长期电力储存
LED	发光二极管
L-ion	锂离子
MPC	模型预测控制
MW/(MW·h)	兆瓦/(兆瓦·时),10^6 瓦/(10^6 瓦·时)
NREL	国家可再生能源实验室
NVC	非蒸气压缩
OLED	有机发光二极管
PCM	相变材料
PEM	质子交换膜
PHEVs	插电式混合动力电动汽车
PMUs	相量测量单元
PSH	抽水蓄能发电
PV	光伏
QTR2015	2015 年四年技术回顾
R&D	研究与开发
RD&D	研究、开发和演示
RFC	可逆燃料电池
RNG	可再生天然气
RTE	往返效率
SOEC	固体氧化物电解槽
SSL	固态照明
TABS	热激活建筑系统
TES	热能储存
TOU	使用时间
TRL	技术成熟水平
TW·h	太瓦·时,(10^{12} 瓦·时)
U.S.DOE	美国能源部
V2G	车辆到电网
VCC	蒸气压缩循环
VFD	变频驱动器
VIPs	真空隔热板
VSD	变速驱动装置
WBG	宽禁带

参 考 文 献

Abbasi, Ali, et al. 2020. "Discharge profile of a zinc-air flowbattery at various electrolyte flow rates and discharge currents." Scientific Data7. https://www. nature. com/articles/ s41597-020-0539-y.

Adler, M. W. , S. Peer, and T. Sinozic. 2019. " Autonomous, connected, electric shared vehicles (ACES) and public finance: An explorative analysis." Transp. Res. Interdiscip. Perspect. 2: 100038. https://doi. org/10. 1016/j. trip. 2019. 100038.

Aghajanzadeh, A. , and P. Therkelsen. 2019. " Agricultural demand response for decarbonizing the electricity grid." J. Clean. Prod. 220: 827-835. https://doi. org/ 10. 1016/j. jclepro. 2019. 02. 207.

Albertus, Paul, Joseph Manser, Scott Litzelman. 2020. "Long-Duration Electricity Storage Applications, Economics and Technologies." Joule, Vol. 4, Issue1, pp. 21-32. https:// doi. org/10. 1016/j. joule. 2019. 11. 009.

Alimi, O. , K. Ouahada, A. Abu-Mahfouz. 2020. " A Review of Machine Learning Approaches to Power System Security and Stability". IEEE Access. https:// ieeexplore. ieee. org/document/9121208.

Alston, Ken, Mikela Waldman, Julie Blunden, Rebecca Lee and Alina Epriman. 2020. Building Lithium Valley. New Energy Nexus. https://www. newenergynexus. com/ wp-content/uploads/2020/10/New-Energy-Nexus_Building-Lithium-Valley. pdf.

Alstone, P. , J. Potter, and M. A. Piette. 2017. 2025 California Demand Response Potential Study-Charting California's Demand Response Future: Final Reporton Phase 2 Results. Lawrence Berkeley National Laboratory, LBNL-2001113.

Al-Yasiri, Q. , and M. Szabó. 2021. "Incorporation of phase change materials into building envelope for thermal comfort and energy saving: A comprehensive analysis." Journal of Building Engineering, Vol. 36. https://doi. org/10. 1016/j. jobe. 2020. 102122.

Amy, Caleb, et al. 2019. " Thermal energy grid storage using multi-junction photovoltaics." Energy Environ. Sci. , 12, 334. https://pubs. rsc. org/en/content/articlelanding/2019/ee/ c8ee02341g＃! divAbstract.

Antonopoulos, I. , et al. 2020. "Artificial intelligence and machine learning approaches to energy demand-side response: Asystematic review." Renewable and Sustainable Energy Reviews, Vol. 130.

Antonopoulus, I. et al. 2020. "Artificial intelligence and machine learning approaches to energy demand-side response: A systematic review". Renewable and Sustainabl Energy Reviews, Volume130, September 2020, 109899. https://www. sciencedirect. com/science/article/pii/S136403212030191X.

Armstrong, Kristina, Sujit Das and Laura Marlino. April 2017. Wide Band gap Semiconductor Opportunities in Power Electronics. Oak Ridge National Laboratory. https://info. ornl. gov/sites/publications/Files/Pub104869. pdf.

Arpagaus, Cordin, et al. 2018. "High Temperature Heat Pumps: Market Overview, State of the Art, Research Status, Refrigerants, and Application Potentials". International Refrigeration and Air Conditioning Conference. Paper1876. https://docs. lib. purdue. edu/iracc/1876.

Bai, F., et al. 2016. "A measurement-based approach for power system in stability early warning". Protectionand Controlof Modern Power Systems. Vol. 1(4).

Balaji, B., A. Bhattacharya, G. Fierro, J. Gao, J. Gluck, D. Hong, A. Johansen, et al. 2016. Brick: Towards a unified metadata schema for buildings. Proc. 3rd ACMConf. Syst. Energy-Efficient Built Environ. BuildSys 41-50. https://doi. org/10. 1145/2993422. 2993577.

Balazs, C., et al. 2021. Achievingthe Human Rightto Waterin California: An Assessment of the State's Community Water Systems. California Environmental Protection Agency. https://oehha. ca. gov/media/downloads/water/report/hrtwachievinghrtw2021f. pdf.

Berkeley Lab Cybersecurity R&D. 2020. Cybersecurity for Energy Delivery Systems Projects. https://dst. lbl. gov/security/research/ceds/.

Bhave, Amit, et al. 2017. "Screening and techno-economic assessment of biomass-based power generation with CCS technologies to meet 2050 CO_2 targets". Applied Energy 190 pp. 481-489.

Blum, D., and M. Wetter. 2017. "MPCPy: An Open-Source Software Platform for Model Predictive Control in Buildings". Proc. 15th Conf. Int. Build. Perform. Simul.

Brown, R., P. Schwartz, B. Nordman, J. Shackelford, A. Khandekar, N. Jackson, A. Prakash, et al. 2019. Developing Flexible, Networked Lighting Control Systems That Reliably Save Energyin California Buildings. California Energy Commission. https://eta. lbl. gov/publications/developing-flexible-networked.

Brown, Rich, Peter Schwartz, Bruce Nordman, Jordan Shackelford, Aditya Khandekar, Erik Page, Neal Jackson, et al. 2019. Developing Flexible, Networked Lighting Control Systems That Reliably Save Energyin California Buildings. California Energy Commission. https://escholarship. org/uc/item/4ck0216d.

California Public Utilities Commission. "The Benefits of Smart Meters". https://www. cpuc. ca. gov/industries-and-topics/electrical-energy/infrastructure/the-benefits-of-smart-meters.

Chandrappa, N. and S. Banerjee. 2017. "The Next Generation of Power Quality Monitoring

Technology—Helping Industrial Equipment Stay Healthy". https://www. analog. com/media/en/technical-documentation/tech-articles/The-Next-Generation-of-Power-Quality-Monitoring-Technology-Helping-Industrial-Equipment-Stay-Healthy. pdf.

Chertkov, M. 2017. "Advanced Machine Learning for Synchrophasor Technology". https://www. energy. gov/sites/prod/files/2017/07/f35/9. %20Chertkov%20GMLC%200077%20June%2013%202017. pdf.

Chhaya, Sunil. 2020. "Comprehensive Assessment of On-and Off-Board V2G Technology Performance on Battery and the Grid". 2020 U. S. Department of Energy Vehicle Technologies Office Annual Merit Review. https://www. energy. gov/sites/prod/files/2020/06/f75/elt187_chhaya_2020o5. 12. 20_1106AM_LR. pdf.

Cho, Kyu Taek, Michael C. Tucker, and Adam Z. Weber. 2016. "AReview of Hydrogen/Halogen Flow Cells". Energy Technology, 4, 655-678. https://doi. org/10. 1002/ente. 201500449.

Choi, S. et al. 2018. "Review: Recent advances in household refrigeratorcycle technologies". Applied Thermal Engineering 132 pp. 560-574.

Chung, W. J. , S. H. Park, M. S. Yeo, and K. W. Kim. 2017. "Control of thermally activated building system considering zone load characteristics. " Sustainability 9: 1-14. https://doi. org/10. 3390/su9040586.

Clement, R. J. , Z. Lun and G. Ceder. 2020. "Cation-disordered rock salt transition metal oxides and oxyfluorides for high energy lithium-ion cathodes". Energy Environ. Sci. , 13, 345-373. https://pubs. rsc. org/en/content/articlehtml/2020/ee/c9ee02803j.

Cohen, Armond, et al. 2021. "Clean Firm Poweris the Key to California's Carbon-Free Energy Future. " Issues in Science and Technology. https://issues. org/california-decarbonizing-power-wind-solar-nuclear-gas/.

Compressed Air Energy Storage: The Path to Innovation. 2019. Chinese Academy of Sciences. http://en. cnesa. org/latest-news/2019/9/29/compressed-air-energy-storage-becoming-a-leading-energy-storage-technology.

Corbus, D. , et al. 2018. Transforming the U. S. Market with a New Application of Ternary-Type Pumped-Storage Hydropower Technology, Preprint. NREL. https://www. nrel. gov/docs/fy18osti/71522. pdf.

De Luna, P. , C. Hahn, D. Higgins, S. Jaffer, T. Jaramillo. 2019. "What wouldit takefor renewably powered electrosynthesis to displace petrochemical processes?". Science26 Apr 2019: Vol. 364, Issue 6438, https://doi. org/10. 1126/science. aav3506.

De Forest, N. , J. S. MacDonald, and D. R. Black. 2018. "Dayahead optimization of an electric vehicle fleet providing ancillary services in the Los Angeles Air Force Base vehicle-to-grid demonstration. " Appl. Energy 210: 987-1001. https://doi. org/10. 1016/j. apenergy. 2017. 07. 069.

Denholm, Paul, Wesley Cole, A. WillFrazier, Kara Podkaminer, and Nate Blair. 2021. The Four Phases of Storage Deployment: A Framework for the Expanding Role of Storage in the U. S. Power System. National Renewable Energy Laboratory. NREL/

TP-6A20-77480. https://www. nrel. gov/docs/fy21osti/77480. pdf.

Dowling, Jacqueline, et al. 2020. "Role of Long-Duration Energy Storagein Variable Renewable Electricity Systems". Joule, Vol. 4, 1-22. https://doi. org/10. 1016/j. joule. 2020. 07. 007.

Drgoňa, J. , J. Arroyo, I. Cupeiro, D. Figueroa, K. Blum, D. Arendt, E. P. Kim, et al. 2020. "All you need to know about modelpredictive control for buildings". Annu. Rev. Controlhttps://doi. org/10. 1016/j. arcontrol. 2020. 09. 001.

Dutton, S. 2019. Hybrid HVAC with Thermal Energy Storage Research and Demonstration. 2019 BTO Peer Review.

Dykes, Katherine, et al. 2017. Enabling the SMART Wind Power Plant of the Future Through Science-Based Innovation. National Renewable Energy Laboratory. https://www. nrel. gov/docs/fy17osti/68123. pdf.

Dyson, M. and B. Li. 2020. "Reimagining Grid Resilience: A Framework for Addressing Catastrophic Threats to the US Electricity Grid in an Era of Transformational Change". https://rmi. org/insight/reimagining-grid-resilience/.

Eggimann, S. , et al. 2017. "The Potential of Knowing More: A Review of Data-Driven Urban Water Management." Environmental Science& Technology 51 (5): 2538-2553. https://doi. org/10. 1021/acs. est. 6b04267.

Ellis, Leah, et al. 2020. "Toward electrochemical synthesis of cement—An electrolyzer-based process for decarbonating $CaCO_3$ while producing useful gasstreams". PNAS 117 (23)12584-12591. https://www. pnas. org/content/117/23/12584.

Energy and Environmental Economics. 2020. Achieving Carbon Neutrality in California: PATHWAYS Scenarios Developed for the California Air Resources Board. https://ww2. arb. ca. gov/sites/default/files/2020-10/e3_cn_final_report_oct2020_0. pdf.

Fierro, G. , and D. E. Culler. 2015. Poster abstract: XBOS: AneX tensible Building Operating System. Build Sys 2015 -Proc. 2nd ACMInt. Conf. Embed. Syst. Energy-Efficient Built, 119-120. https://doi. org/10. 1145/2821650. 2830311.

Florida Power and Light. 2020. Advanced Smart Grid Technology. https://www. fpl. com/smart-meters/smart-grid. html.

Foote, A. et al. 2019. System design of dynamic wireless power transfer for automated highways. IEEE Transportation Electrification Conference and Expo.

Friend, C. M. , and B. Xu 2017. "Heterogeneous catalysis: a central science for a sustainable future. " Acc. Chem. Res. 50, 517-521.

Fyke, Aaron. 2019. The Fall and Rise of Gravity Storage Technologies. Joule 3, 620-630. https://www. cell. com/joule/pdf/S2542-4351(19)30041-8. pdf.

Ganeshalingam, M. , Arman Shehabi, Louis-Benoit Desroche. 2017. Shininga Lighton Small Data Centers in the U. S. Lawrence Berkeley National Laboratory. https://eta-publications. lbl. gov/sites/default/files/lbnl-2001025. pdf.

García, L. , L. Parra, J. M. Jimenez, J. Lloret, and P. Lorenz. 2020. "IoT-based smart irrigation systems: An overview on the recent trends on sensors and IoT systems for irrigation in precision agriculture." Sensors (Switzerland) 20. https://doi. org/10. 3390/s20041042.

Garrido-Baserba,M. et al. 2020. "The Fourth-Revolution in the Water Sector Encounters the Digital Revolution." Environmental Science& Technology54 (8): 4698-4705.

Gehbauer,C. ,D. H. Blum,T. Wang, and E. S. Lee. 2020. "An assessment of the load modifying potential of model predictive controlled dynamic facades with in the California context." Energy Build. 210: 109762. https://doi. org/10. 1016/j. enbuild. 2020. 109762.

Gerke,B. F. ,G. Gallo,S. J. Smith,J. Liu, P. Alstone, S. Raghavan, P. Schwartz, et al. 2020. The California Demand Response Potential Study,Phase3: Final Reporton the Shift Resource through 2030. Lawrence Berkeley National Laboratory. https://doi. org/10. 20357/B7MS40.

Giubbolini,Luigi. 2020. Grid Communication Interface for Smart Electric Vehicle Services. California Energy Commission. CEC-500-2020-028.

Grid Wise Architecture Council. 2018. Transactive Energy Systems Research, Developmentand Deployment Roadmap. Pacific Northwest National Laboratory, PNNL-26778.

GTM Creative Strategies. 2020. "Storing Energy in the Freezer: Long-Duration Thermal Storage Comes of Age. "https://www. greentechmedia. com/articles/read/storing-energy-in-the-freezer-long-duration-thermal-storage-comes-of-age.

Guerrero-Prado,J. et al. 2020. "The Power of Big Data and Data Analytics for AMI Data: A Case Study." Sensorsv20 (11). https://www. ncbi. nlm. nih. gov/pmc/articles/ PMC7309066/.

Han,D. et al. 2017. "Dynamic energy management in smart grid: A fast randomized first-order optimization algorithm." International Journal of Electrical Power& Energy Systems,Vol. 94,2018. https://doi. org/10. 1016/j. ijepes. 2017. 07. 003.

Hauch,A. et al. 2020. Recent advances in solid oxide cell technology for electrolysis. Science09 Oct 2020: Vol. 370,Issue 6513. https://science. sciencemag. org/content/ 370/6513/eaba6118.

Heiemann,Niklas,et al. 2021. "Enabling large-scalehydrogen storageinporousmedia-the scientific challenges." Energy Environ. Sci. , Issue 2, 2021. https://pubs. rsc. org/ en/content/articlelanding/2021/EE/D0EE03536J♯!divAbstract.

Huang,Heming,et al. 2018. Robust Bad Data Detection Method for Microgrid Using Improved ELM and DBSCAN Algorithm. https://ascelibrary. org/doi/10. 1061/% 28ASCE%29EY. 1943-7897. 0000544.

IEEE Smart Grid Big Data Analytics,Machine Learning and Artificial Intelligence in the Smart Grid Working Group. Big Data Analytics in the Smart Grid. https:// smartgrid. ieee. org/images/files/pdf/big_data_analytics_white_paper. pdf.

Itron. 2020. Itron and Innowatts Collaborate to Deliver AI-Powered AMIP redictive Insights to Electric Utilities. https://www. itron. com/cn/company/newsroom/

2020/01/28/itron-and-innowatts-collaborate.

Jiang, H. et al. 2017. Big Data-Based Approach to Detect, Locate, and Enhance the Stability of an Unplanned Microgrid Islanding. https://ascelibrary. org/doi/10. 1061/%28ASCE%29EY. 1943-7897. 0000473.

Jiang, Z. , J. Cai, P. Hlanze, and H. Zhang. 2020. "Optimized Control of Phase Change Material-Based Storage Integrated in Building Air-Distribution Systems." Proc. Am. ControlConf. 4225-4230. https://doi. org/10. 23919/ACC45564. 2020. 9147514.

Jiang, Z. , J. Cai, P. Hlanze, H. Zhang. 2020. "Optimized Control of Phase Change Material-Based Storage Integrated in Building Air-Distribution Systems." 2020 American Control Conference, pp. 4225-4230, https://doi. org/10. 23919/ACC45564. 2020. 9147514.

Jin, W. , J. Ma, C. Bi, Z. Wang, C. B. Soo, and P. Gao. 2020. "Dynamic variationindew-point temperature of attached air layer of radiant ceiling coolingpanels." Build. Simul. 13: 1281-1290. https://doi. org/10. 1007/s12273-020-0645-y.

Joshi, N. 2019. AR And VR in the Utility Sector. https://www. forbes. com/sites/cognitiveworld/2019/09/29/ar-and-vr-in-the-utility-sector/? sh=2621bd0966a1.

Joshi, P. 2016. Low-cost Manufacturing of Wireless Sensors for Building. Oak Ridge National Laboratory.

Júnior, F. et al. 2018. "Design and Performance of an Advanced Communication Network for Future Active Distribution Systems." Journal of Energy Eng. Vol. 144 (3). https://ascelibrary. org/doi/pdf/10. 1061/%28ASCE%29EY. 1943-7897. 0000530.

Kaur, K. , N. Kumar, and M. Singh. 2018. "Coordinated power control of electric vehicles for grid frequency support: MILP-based hierarchical control design." IEEE Transactionson Smart Grid 10(3). https://ieeexplore. ieee. org/document/8334637.

Kaur, S. , M. Bianchi, N. James, L. Berkeley, S. Kaur, M. Bianchi, and N. James. 2020. 2019 Workshop on Fundamental Needs for Dynamic and Interactive Thermal Storage Solutions for Buildings.

Kenway, S. J. et al. 2019. "Defining Water-Related Energy for Global Comparison, Clearer Communication, and Sharper Policy." Journal of Cleaner Production 236 (November): 117502. https://doi. org/10. 1016/j. jclepro. 2019. 06. 333.

Kosmanos, D. et al. 2018. "Route optimization of electric vehicles based on dynamic wireless charging." IEEE Access 6: 42551-65.

Kuga, R. et al. 2019. Electric Program Investment Charge (EPIC), EPIC2. 02-Distributed Energy Resource Management System; EPIC 2. 02 DERMS. Grid Integration and Innovation. Pacific Gas&Electric. https://www. pge. com/pge _ global/common/pdfs/about-pge/environment/what-we-are-doing/electric-program-investment-charge/PGE-EPIC-2. 02. pdf.

Laporte, S. , G. Coquery, V. Deniau, A. De Bernardinis, and N. Hautière. 2019. "Dynamic wireless power transfer charging infrastructure for future EVs: From experimental track to real circulated roads demonstrations." World Electr. Veh. J. 10: 1-22.

https://doi. org/10. 3390/wevj10040084.

LeFloch,C. ,S. Bansal,C. J. Tomlin,S. J. Moura,andM. N. Zeilinger. 2019. "Plug-and-play model predictive control for loadshaping and voltage control in smart grids. " IEEE Trans. SmartGrid10：2334-2344. https://doi. org/10. 1109/TSG. 2017. 2655461.

Lee,E. S. ,D. C. Curcija,T. Wang,C. Gehbauer, L. Fernandes, R. Hart, D. Blum, et al. 2020. High-Performance Integrated Window and Façade Solutions for California.

California Energy Commission. Publication Number：CEC-500-2020-001. https://www. energy. ca. gov/publications/2020/high-performance-integrated-window-and-facade-solutions-california.

Li,G. et al. 2018. Direct vehicle-to-vehicle charging strategy in vehicular ad-hoc networks. In：2018 9th IFIP International Conference on New Technologies，Mobility and Security.

Li,Zheng,et al. 2017. Air-Breathing Aqueous Sulfur Flow Battery for Ultralow-Cost Long-Duration Electrical Storage，Joule 1, 306-327. https://doi. org/10. 1016/j. joule. 2017. 08. 007

Lian,J. ,Y. Sun,K. Kalsi,S. E. Widergren,D. Wu,and H. Ren. 2018. Transactive System： Part II：Analysis of Two Pilot Transactive Systems Using Foundational Theory and Metrics. Pacific Northwest National Laboratory,PNNL-27235.

Licht,Stuart. March 2017. Co-production of cement and carbon nanotubes with a carbon negative foot print. Journal of CO_2 Utilization，Volume 18，pp. 378-389. https://www. sciencedirect. com/science/article/abs/pii/S2212982016302852

Lin,Yashen,Joseph H. Eto,Brian B. Johnson,Jack D. Flicker,Robert H. Lasseter, Hugo N. Villegas Pico,etal. 2020. Research Roadmap on Grid-Forming Inverters.

National Renewable Energy Laboratory. NREL/TP-5D00-73476. https://www. nrel. gov/docs/fy21osti/73476. pdf.

Ma,Z. ,D. S. Callaway,and I. A. Hiskens. 2013. "Decentralized charging control of large populations of plug-in electric vehicles. " IEEE Trans Control Syst Technol 21(1)：67-78.

Mahone,Amber,Zachary Subin,Gabe Mantegna,Rawley Loken,Clea Kolster. 2020.

Achieving Carbon Neutrality in California：PATHWAYS Scenarios Developed for the California Air Resources Board. Energy and Environmental Economics. https://ww2. arb. ca. gov/sites/default/files/2020-10/e3_cn_final_report_oct2020_0. pdf.

Mahone,Amber,Zachary Subin, Jenya Kahn-Lang, Douglas Allen, Vivian Li, Gerrit De Moor,Nancy Ryan,et al. 2018. Deep Decarbonization in a High Renewables Future： Updated Results from the California PATHWAYS Model. California Energy Commission. Publication Number：CEC-500-2018-012. https://www. energy. ca. gov/publications/2018/deep-decarbonization-high-renewables-future-updated-results-california-pathways.

Mauter,Meagan and P. Fiske. 2020. "Desalination for a Circular Water Economy. " Energy&Environmental Science,Issue10. https://doi. org/10. 1039/D0EE01653E.

Mayyas，Ahmad and Margaret Mann，Emerging Manufacturing Technologies for Fuel Cells and Electrolyzers，Procedia Manufacturing 33 (2019)508-515. https：//doi. org/ 10. 1016/j. promfg. 2019. 04. 063.

Mehos，Mark，et al. 2017. Concentrating Solar Power Gen 3 Demonstration Roadmap.

National Renewable Energy Laboratory. https：//www. energy. gov/sites/prod/files/ 2017/04/f34/67464. pdf.

Meier，Alan，Richard Brown， Daniel L. Gerber， Aditya Khandekar， Margarita Kloss， Hidemitsu Koyanagi， Richard Liou， et al. September 2020. Efficient and Zero Net Energy-Ready Plug Loads. California Energy Commission. https：//ww2. energy. ca. gov/2020publications/CEC-500-2020-068/CEC-500-2020-068. pdf.

Miller，Hamish，et al. 2020. Green hydrogen from an ion exchange membrane water electrolysis： a review of recent developments in critical materials and operating conditions. Sustainable Energy Fuels， 4， 2114-2133. https：//pubs. rsc. org/en/ content/articlelanding/2020/se/c9se01240k＃！ divAbstract.

Moeini-Aghtaie，M. et al. 2013. PHEVs centralized/decentralized charging control mechanisms： requirements and impacts. In： North American Power Symposium （NAPS）.

Mongird，Kendall，Vilayanur Viswanathan，Jan Alam，Charlie Vartanian，Vincent Sprenkle. December 2020. 2020 Grid Energy Storage Technology Costand Performance Assessment. PNNL Publication No. DOE/PA-0204. https：//www. pnnl. gov/sites/default/files/ media/file/Final％20-％20ESGC％20Cost％20Performance％20Report％2012-11- 2020. pdf.

Morya，A. K.， et al. March 2019. "Wide Bandgap Devicesin AC Electric Drives： Opportunities and Challenges，"IEEE Transactionson Transportation Electrification， vol. 5，no. 1，pp. 3-20. doi： 10. 1109/TTE. 2019. 2892807.

Mumme，S.，N. James，M. Salonvaara， S. Shrestha， D. Hun. 2020. "Smart and efficient building envelopes： Thermal switches and thermal storage for energy savings and load flexibility. " ASHRAETransactions，126，140-148.

Murphy，Caitlin，Yinong Sun，Wesley Cole， Galen Maclaurin， Craig Turchi， and Mark Mehos. 2019. The Potential Role of Concentrating Solar Power with in the Context of DOE's 2030 Solar Cost Target. National Renewable Energy Laboratory.

NREL/TP-6A20-71912. https：//www. nrel. gov/docs/fy19osti/71912. pdf.

National Fuel Cell Research Center. March 2020. California Stationary Fuel Cell Roadmap. National Fuel Cell Research Center，UC Irvine. http：//www. nfcrc. uci. edu/PDF_White_Papers/California_Stationary_Fuel_Cell_Roadmap_Long_Version_ 062420. pdf.

Navigant Consulting. 2006. Refining Estimates of Water-Related Energy Use in California. California Energy Commission，CEC-500-2006-118.

Newsham，G. R.，S. Mancini，and R. G. Marchand. 2008. "Detection and Acceptance of Demand-Responsive Lighting in Offices with and without Daylight. " LEUKOS4(3).

http://doi. org/10. 1582/LEUKOS. 2007. 004. 03. 001.

Nguyen,H. ,C. Zhang,J. Zhang, and L. B. Le. 2017. "Hierarchical control for electric vehicles in smart grid with renewables." In Proceedings of the 13th IEEE International Conferenceon Control Automation, 898-903. https://doi. org/10. 1109/ICCA. 2017. 8003180.

NREL. 2018. Valuing the Resilience Provided by Solar and Battery Energy Storage Systems. https://www. nrel. gov/docs/fy18osti/70679. pdf.

Nunes,C. 2019. Artificial intelligence can make the U. S. electric grid smarter. https://www. anl. gov/article/artificial-intelligence-can-make-the-us-electric-grid-smarter.

Oldenburg,Curtis and Lehua Pan. 2013. Porous Media Compressed-Air Energy Storage (PM-CAES): Theory and Simulation of the Coupled Wellbore-Reservoir System. Transp Porous Med 97: 201-221. DOI10. 1007/s11242-012-0118-6.

Olgyay,Victor,Seth Coan,Brett Webster, and William Livingood. 2020. Connected Communities: A Multi-Building Energy Management Approach. National Renewable Energy Laboratory. NREL/TP-5500-75528. https://www. nrel. gov/docs/fy20osti/75528. pdf.

Pabi,S. ,et al. 2013. Electricity Use and Management in the Municipal Water Supply and Wastewater Industries. Electric Power Research Institute.

Paliaga,G. ,F. Farahmand,and P. Raftery. 2017. TABS Radiant Cooling Design and Control in North America: Results from Expert Interviews. Center for the Built Environment,UCBerkeley.

Paul,B. and J. Andrews. 2017. PEM unitised reversible/regenerative hydrogen fuel cell systems: State of the art and technical challenges. Renewable and Sustainable Energy Reviews,Volume 79,pp. 585-599.

Peisert,S. and D. Arnold. 2018. Cybersecurity via Inverter-Grid Automated Reconfiguration (CIGAR). https://www. energy. gov/sites/prod/files/2018/12/f58/LBNL% 20% 20CIGAR. PDF.

Peng,J. ,D. C. Curcija,A. Thanachareonkit, E. S. Lee, H. Goudey, andS. E. Selkowitz. 2019. "Study on the overall energy performance of a novel c-Sibased semitransparent solar photovoltaic window. "Appl. Energy242: 854-872. https://doi. org/10. 1016/j. apenergy. 2019. 03. 107.

Perry,Michael L. and Adam Z. Weber, 'Advanced Redox Flow Batteries: A Perspective,' Journal of the Electro chemical Society,163（1）,A5064-A5067（2016）. https://doi. org/10. 1149/2. 0101601jes.

PG&E. 2021. Electric Program Investment Charge Project Reports. https://www. pge. com/en_US/about-pge/environment/what-we-are-doing/electric-program-investment-charge/closeout-reports. page.

Piette,M. A. Hierarchical Occupancy-Responsive Model Predictive Control（MPC）at Room,Building and Campus Levels1-24. Lawrence Berkeley National Laboratory. https://www. energy. gov/eere/buildings/downloads/hierarchical-occupancy-responsivemodel-predictive-control-mpc-room.

Pillai,J. R. ,S. H. Huang, B. Bak-Jensen, P. Mahat, P. Thogersen, and J. Moller. 2013. "Integration of solar photovoltaics and electric vehicles in residential grids." IEEE Power Energy Soc. Gen. Meet. https://doi. org/10. 1109/PESMG. 2013. 6672215.

PJM. 2020. Synchrophasor Technology Improves Grid Visibility. https://www. pjm. com/-/media/about-pjm/newsroom/fact-sheets/synchrophasor-technology. ashx? la ＝en.

Pouyanfar,Samira,et al. 2108. A Survey on DeepLearning: Algorithms, Techniques, and Applications. https://www2. cs. duke. edu/courses/cps274/compsci527/spring20/ papers/Pouyanfar. pdf.

Prasher,R. S. ,R. Jackson,and C. Dames. 2019. Solid State Tunable Thermal Energy Storage and Switches for Smart Building Envelopes. 2019BTOPeerReview. https:// www. energy. gov/sites/default/files/2019/05/f62/bto-peer％E2％80％932019-lbnl-nrel-solid-state-tunable-tes. pdf.

Rabaey,K. ,T. Van de kerckhove, A. v. d. Walle, and D. L. Sedlak. 2020. "The Third Route: Using Extreme Decentralization to Create Resilient Urban Water Systems." Water Research185 (October): 116276.

Redman,T. C. 2018. If Your Data Is Bad, Your Machine Learning Tools Are Useless. https://hbr. org/2018/04/if-your-data-is-bad-your-machine-learning-tools-are-useless.

Regmi,Y. ,et al. 2020. A low temperature unitized regenerative fuel cell realizing 60％ round trip efficiency and 10000 cycles of durability for energy storage applications. Energy&Environmental Science, Issue 7. https://pubs. rsc. org/en/content/ articlelanding/2020/EE/C9EE03626A＃! divAbstract.

Rightor,E. ,A. Whitlock,and R. Neal Elliot. July2020. Beneficial Electrificationin Industry. American Council for an Energy-Efficient Economy. https://www. aceee. org/research-report/ie2002.

Roberts,C. ,et al. 2019. Learning Behavior of Distribution System Discrete Control Devicesfor Cyber-Physical Security. https://www. cs. ucdavis. edu/～peisert/research/2019-TSG-Infer-Control. pdf.

Robertson,R. 2020. Advanced Synchrophasor Protocol Development and Demonstration Project. https://www. osti. gov/biblio/1597102.

Sarwar,S. ,S. Park,T. T. Dao,M. soo Lee, A. Ullah, S. Hong, and C. H. Han. 2020. "Scalable photo electrochromic glass of high performance powered by ligand attached TiO_2 photoactive layer." Sol. Energy Mater. Sol. Cells 210: 110498. https://doi. org/10. 1016/j. solmat. 2020. 110498.

Sathe,Amul,Andrea Romano, Bruce Hamilton, Debyani Ghosh, Garrett Parzygno. (Guidehouse). 2020. Researchand Development Opportunities for Offshore Wind Energyin California. California Energy Commission. Publication Number: CEC-500-2020-053. https://ww2. energy. ca. gov/2020publications/CEC-500-2020-053/CEC-500-2020-053. pdf.

Schiffer,Zachary J. and Karthish Manthiram. 2017. Electrication and Decarbonization of the Chemical Industry. Joule1,10-14.

Schmidt,Oliver,Sylvain Melchior, Adam Hawkes, Iain Staffell. 2019. Projecting the Future Levelized Cost of Electricity Storage Technologies. Joule, Vol. 3,Issue1, pp. 81-100. https://www. sciencedirect. com/science/article/pii/S254243511830583X? via% 3Dihub.

Schwartz,Harrison,Sabine Brueske. 2020. Utility-Scale Renewable Energy Generation Technology Roadmap. California Energy Commission. Publication Number: CEC- 500-2020-062. https://www. energy. ca. gov/publications/2020/utility-scale-renewable- energy-generation-technology-roadmap.

Schwartz,Lisa,Max Wei,William R Morrow, III, JeffDeason, Steven R Schiller, Greg Leventis,Sarah Josephine Smith,et al. 2017. Electricity End Uses,Energy Efficiency, and Distributed Energy Resources Baseline. Lawrence Berkeley National Laboratory. https://emp. lbl. gov/publications/electricity-end-uses-energy.

Scott,D. ,R. Castillo,K. Larson,B. Dobbs, and D. Olsen. 2015. Refrigerated Warehouse Demand Response Strategy Guide. Lawrence Berkeley National Laboratory. LBNL-1004300.

SEAB AIML Working Group. 2020. Preliminary findings of the SEAB to Secretary of Energy Dan Brouillette regarding the Department of Energy and Artificial Intelligence. https://www. energy. gov/sites/prod/files/2020/04/f73/SEAB% 20AI% 20WG%20PRELIMINARY%20FINDINGS_0. pdf.

Sepulveda,N. A. ,J. D. Jenkins, A. Edington, D. S. Mallapragada,and R. K. Lester. 2021. The design space for long-duration energy storagein decarbonized power systems. Nature Energy 6,506-516. https://doi. org/10. 1038/s41560-021-00796-8.

Snyder,G. Jeffrey,et al. ,2021. Distributed and localized cooling with thermoelectrics. Joule,Vol. 5,Issue 4. DOI: https://doi. org/10. 1016/j. joule. 2021. 02. 011.

Starke,M. ,J. Munk,H. Zandi,T. Kuruganti, H. Buckberry, J. Hall, and J. Leverette. 2020. Real-time MPC for residential building waterheater systems to support the electric grid. 2020 IEEE Power Energy Soc. Innov. Smart GridTechnol. Conf. https://doi. org/10. 1109/ISGT45199. 2020. 9087716.

Strategen Consulting. 2020. Long Duration Energy Storage for California's Clean,Reliable Grid. https://www. storagealliance. org/longduration.

Stringfellow,William and Patrick Dobson. 2021. Technology for Lithium Extractionin the Context of Hybrid Geothermal Power. PROCEEDINGS, 46th Workshop on Geothermal Reservoir Engineering Stanford University, Stanford, California, February15-17,2021.

Synapse Energy Economics. 2018. Decarbonization of Heating Energy Use in California Buildings. https://www. synapse-energy. com/sites/default/files/Decarbonization- Heating-CA-Buildings-17-092-1. pdf.

Taibi,E. ,C. Fernández del Valle,and M. Howells. 2018. "Strategies for solar and wind integration by leveraging flexibility from electric vehicles: The Barbados case study." Energy 164: 65-78. https://doi. org/10. 1016/j. energy. 2018. 08. 196.

Tian,Xueyu,S. Stranks,F. You. 2020. Life cycle energy use and environmental implications of high-performance perovskite tandem solar cells. Science Advances Vol. 6,no. 31. https://advances. sciencemag. org/content/6/31/eabb0055. full.

Tian,Yaosen,et al. 2021. Promises and Challenges of Next-Generation "Beyond Li-ion" Batteries for Electric Vehicles and Grid Decarbonization. Chemical Reviews 2021, 121,3,1623-1669. https://doi. org/10. 1021/acs. chemrev. 0c00767.

Totu,L. C. ,J. Leth,and R. Wisniewski. 2013. "Control for large scale demand response of the rmostatic loads." Proc. Am. Control Conf. 5023-5028. https://doi. org/10. 1109/ acc. 2013. 6580618.

Trahey,Lynn,F. Brushett,N. Balsara,G. Ceder, L. Cheng, et al. 2020. Energy storage emerging: A perspective from the Joint Center for Energy Storage Research. PNAS117 (23) 12550-12557. https://www. pnas. org/content/117/23/12550 # sec-2.

Traube,J. ,F. Lu,D. Maksimovic,J. Mossoba, M. Kromer, P. Faill, S. Katz, et al. 2013. "Mitigation of solar irradiance intermittency in photovoltaic power systems with integrated electric-vehicle charging functionality." IEEETrans. Power Electron. 28: 3058-3067. https://doi. org/10. 1109/TPEL. 2012. 2217354.

Tucker,Michael C. ,Alexandra Weiss, and Adam Z. Weber. 2016. 'Improvement and analysis of the hydrogen cerium redox flow cell,' Journal of Power Sources,327,591- 598. https://doi. org/10. 1016/j. jpowsour. 2016. 07. 105.

Tucker,Michael,Venkat Srinivasan, Philip N. Ross, and Adam Z. Weber. 2013. 'Performance and Cycling of the Iron-Ion/Hydrogen Redox Flow Cell with Various Catholyte Salts',Journal of Applied Electrochemistry,43,637-644. https://doi. org/ 10. 1007/s10800-013-0553-2.

U. S. Department of Energy. 2019. Grid-interactive Efficient Buildings Technical Report Series-Lighting and Electronics. https://www. energy. gov/eere/buildings/ downloads/grid-interactive-efficient-buildings-technical-report-series-lighting-and.

U. S. Department of Energy. 2020. Grid-interactive Efficient Buildings: Projects Summary. https://www. energy. gov/sites/prod/files/2020/09/f79/bto-geb-project- summary-093020. pdf.

U. S. Department of Energy. December 2020. Energy Storage Grand Challenge Roadmap. https://www. energy. gov/energy-storage-grand-challenge/downloads/energy-storage-grand- challenge-roadmap.

U. S. Department of Energy. Technology Readiness Assessment Guide. https://www2. lbl. gov/dir/assets/docs/TRL%20guide. pdf.

U. S. Department of Energy. 2016. Advanced Manufacturing Office Multi-Year Program Plan, Draft. https://www. energy. gov/sites/prod/files/2017/01/f34/Draft%20Advanced% 20Manufacturing%20Office%20MYPP_1. pdf.

U. S. Department of Energy. 2017a. RD&D Opportunities for Commercial Buildings HVAC Systems. https://www. energy. gov/sites/prod/files/2017/12/f46/bto-DOE-Comm-HVAC-Report-12-21-17. pdf.

U. S. Department of Energy. 2017b. Transforming the National Electricity System: the 2nd Installment of the Quadrennial Energy Review. https://www. energy. gov/sites/prod/files/2017/02/f34/Quadrennial%20Energy%20Review--Second%20Installment%20%28Full%20Report%29. pdf.

U. S. Department of Energy. 2018. Wind Vision Detailed Roadmap Actions, 2017 Update. https://www. energy. gov/sites/prod/files/2018/05/f51/WindVision-Update-052118-web_RMB. pdf.

U. S. Department of Energy. December 2019. Energy Savings Forecast of Solid State. Lightingin General Illumination Applications. https://www. energy. gov/sites/prod/files/2020/02/f72/2019_ssl-energy-savings-forecast. pdf.

U. S. Department of Energy. January 2020. 2019 Lighting R&D Opportunities. https://www. energy. gov/sites/prod/files/2020/01/f70/ssl-rd-opportunities2-jan2020. pdf.

U. S. Department of Energy. May 2020a. DRAFT Research and Development Opportunities Report for Opaque Building Envelopes. https://www. energy. gov/eere/buildings/downloads/research-and-development-opportunities-report-opaque-building-envelopes.

U. S. Department of Energy. May 2020b. DRAFT Research and Development Opportunities Report for Windows. https://www. energy. gov/eere/buildings/downloads/research-and-development-opportunities-report-windows.

U. S. Department of Energy. February 2022. 2022 Solid-State Lighting R&D Opportunities. https://www. energy. gov/sites/default/files/2022-02/2022-ssl-rd-opportunities. pdf.

U. S. Department of Energy. Quadrennial Technology Review 2015, "Advanced Sensors, Controls, Platforms and Modeling for Manufacturing. " https://www. energy. gov/sites/default/files/2015/11/f27/QTR2015-6C-Advanced-Sensors-Controls-Platforms-and-Modeling-for-Manufacturing. pdf.

U. S. Department of Energy. Quadrennial Technology Review 2015, "Appendix 6G: Direct Thermal Energy Conversion Materials, Devices, and Systems. "https://www. energy. gov/sites/prod/files/2015/12/f27/QTR2015-6G-Direct-Thermal-Energy-Conversion-Materials-Devices-and-Systems. pdf

U. S. Department of Energy. Quadrennial Technology Review 2015, " Appendix 6I: Process Heating. " https://www. energy. gov/sites/prod/files/2016/06/f32/QTR2015-6I-Process-Heating. pdf.

U. S. Department of Energy. Quadrennial Technology Review 2015, " Chapter 6: Innovating Clean Energy Technologies in Advanced Manufacturing. "https://www. energy. gov/sites/prod/files/2017/03/f34/qtr-2015-chapter6. pdf.

Verma, S. , H. Singh. 2020. Vacuum insulation panels for refrigerators. International Journal of Refrigeration 112, pp. 215-228.

Vincent, Immanuel and D. Besarabov. 2018. "Low cost hydrogen production by an ion exchange membrane electrolysis: Areview." Renewable and Sustainable Energy Reviews. Vol. 81, Part2, pp. 1690-1704. https://www. sciencedirect. com/science/article/pii/S1364032117309127#!

Vossos, V. , et al. 2019. Direct Current as an Integrating and Enabling Platform for Zero-Net Energy Buildings. California Energy Commission. https://ww2. energy. ca. gov/2019publications/CEC-500-2019-038/CEC-500-2019-038. pdf.

Walton, R. 2020. Most utilities aren't getting full value from smart meters, reportwarns. https://www. utilitydive. com/news/most-utilities-arent-getting-full-value-from-smart-meters-report-warns/570249/.

Wang, Jing, Blake Lundstrom, and Andrey Bernstein. 2020. Design of a Non-PLL Grid-Forming Inverter for Smooth Microgrid Transition Operation (Preprint). National Renewable Energy Laboratory. https://www. nrel. gov/docs/fy20osti/75332. pdf.

Wang, Y, Q. Chen, T. Hong, C. Kang. 2019. Review of Smart Meter Data Analytics: Applications, Methodologies, and Challenges. IEEE Transactions on Smart Grid. Vol10 (3). https://ieeexplore. ieee. org/stamp/stamp. jsp? tp = &arnumber = 8322199&tag=1.

Wang, Zhe, et al. 2020. Evaluating the comfort of thermally dynamic wearable devices. Building and Environment, Vol. 167, Jan. 2020. https://www. sciencedirect. com/science/article/abs/pii/S0360132319306535? via%3Dihub.

Wei, M. , H. Breunig, S. De La Rue Du Can, S. Meyers, Z. Taies. 2020. A Technology and Policy Assessment For California To Achieve Net Zero Greenhouse Gases By 2045. Lawrence Berkeley National Laboratory.

Wolfe, F. 2017. How Artificial Intelligence Will Revolutionize the Energy Industry. http://sitn. hms. harvard. edu/flash/2017/artificial-intelligence-will-revolutionize-energy-industry/.

Xu, Z. et al. 2016. "A hierarchical framework for coordinated charging of plug-inelectric vehicles in China. " IEEE Transactions on Smart Grid7(1): 428-438.

Xue, Y. , et al. 2018. "On a Future for Smart Inverters with Integrated System Functions," 2018 9th IEEE International Symposium on Power Electronics for Distributed Generation Systems, pp. 1-8. doi: 10. 1109/PEDG. 2018. 8447750.

Yang, L. , D. Huh, R. Ning, et al. 2021. "High thermo electric figure of merit of porous Si nanowires from 300 to 700 K. " Nat Commun12, 3926. https://doi. org/10. 1038/s41467-021-24208-3.

Yin, R. , D. Black and Bin Wang. 2020. "Characteristics of Electric Vehicle Charging Sessions and its Benefits in Managing Peak Demands of a Commercial Parking Garage," 2020 IEEE International Conference on Communications, Control, and Computing Technologies for Smart Grids. doi: 10. 1109/SmartGridComm47815. 2020. 9302987.

Yin, R. , J. Page, and D. Black. 2016. Demand Response with Lighting in Office, Retail, and Hospitality Buildings in the SD&E Service Area. LBNLReport toSDG&E.

York,D. 2020. Smart meters gainpopularity，but most utilities don't optimize their potential to save energy. https：//www. aceee. org/blog-post/2020/01/smart-meters-gain-popularity-most-utilities-dont-optimize-their-potential-save ＃： ～： text ＝ Donate-，Smart％ 20meters％ 20gain％ 20popularity％ 2C％ 20but％ 20most％ 20utilities％20don't％20optimize，their％20potential％20to％20save％20energy& text ＝ Despite％ 20billions％ 20of％ 20dollars％ 20invested，to％ 20help％ 20customers％ 20save％20energy.

Yu，B. ，et al. 2020. "The data dimensionality reduction and bad data detectionin the process of smart grid reconstruction through machine learning. "PLoSONE 15（10）： e0237994. https：//journals. plos. org/plosone/article？ id＝10. 1371/journal. pone. 0237994.

Yu，Peiyuan，Anubhav Jain & Ravi S. Prasher. 2019. Enhanced Thermochemical Heat Capacity of Liquids：Molecular to Macroscale Modeling. Nanoscale and Microscale Thermophysical Engineering，23：3，235-246. https：//doi. org/10. 1080/15567265. 2019. 1600622.

Zühlsdorf，B. ，F. Bühler，M. Bantle，and B. Elmegaard. 2019. "Analysis of Technologies and Potentials for Heat Pump-Based Process Heat Supply above 150℃. " Energy. Conversion and Management：X 2 （April）：100011. www. sciencedirect. com/ science/article/pii/S2590174519300091？ via％3Dihub.

致　　谢

作者感谢劳伦斯国家实验室的 Brennan Less 和 Ciaran Roberts 对本书的书面贡献。我们还感谢 New Energy Nexus 的 Joy Larson 的指导，他是代表加州能源委员会负责本书项目的经理。

如果没有提供关键信息和(或)审查报告草稿部分的同事的慷慨投入，本书就不可能完成。

能源效率：Christian Kohler(劳伦斯伯克利国家实验室)、Robert Hart(劳伦斯伯克利国家实验室)、Yuan Gao(劳伦斯伯克利国家实验室)、Sumanjeet Kaur(劳伦斯伯克利国家实验室)、Ed Cubero(劳伦斯伯克利国家实验室)、Luis Fernandes(劳伦斯伯克利国家实验室)、Jordan Shackelford(劳伦斯伯克利国家实验室)、Simon Pallin(橡树岭国家实验室)、Alan Meier(劳伦斯伯克利国家实验室/加利福尼亚大学戴维斯分校)、William Goetzler(Guidehouse 咨询公司)、Mark Modera(加利福尼亚大学戴维斯分校)，Prakash Rao(劳伦斯伯克利国家实验室)、Magnus Herrlin(劳伦斯伯克利国家实验室)

可再生能源发电：Ryan Wiser(劳伦斯伯克利国家实验室)、Joachim Seel(劳伦斯伯克利国家实验室)、Gerald Robinson(劳伦斯伯克利国家实验室)、Paul Veers(国家可再生能源实验室)、Jeff Winick(美国能源部)、David Young(国家可再生能源实验室)、Bill Hadley(国家可再生能源实验室)

储能：Noël Bakhtian(劳伦斯伯克利国家实验室)、Robert Kostecki(劳伦斯伯克利国家实验室)、Adam Weber(劳伦斯伯克利国家实验室、Gerbrand Ceder)、Vince Battaglia(劳伦斯伯克利国家实验室)、Nem Danilovic(劳伦斯伯克利国家实验室)、Sean Lubner(劳伦斯伯克利国家实验室)、Curtis Oldenburg(劳伦斯伯克利国家实验室)、Zachary Taie(劳伦斯伯克利国家实验室/能源部)

柔性负荷管理：Richard Brown（劳伦斯伯克利国家实验室）、Bin Wang（劳伦斯伯克利国家实验室）

电气化：Stephane de la Rue du Can（劳伦斯伯克利国家实验室）、Eric Masanet（加利福尼亚大学圣芭芭拉分校）

可靠性和弹性：Joe Eto（劳伦斯伯克利国家实验室）、Max Wei（劳伦斯伯克利国家实验室）

感谢 Morgan Faulkner（劳伦斯伯克利国家实验室）编制了这份报告，并感谢 Ellen Thomas（劳伦斯伯克利国家实验室）的协助。

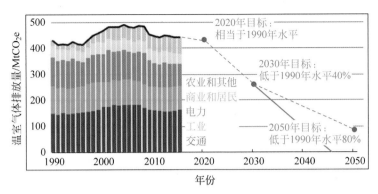

图 1.1　加州 GHG 排放量和排放目标

资料来源：Wei et al.（2020 年）

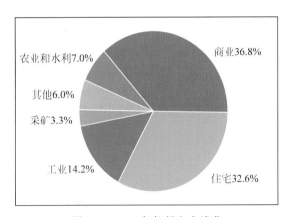

图 2.1　2019 年加州电力消费

资料来源：加州能源委员会

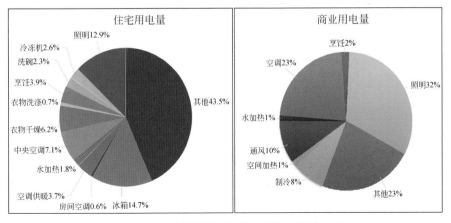

图 2.2　加州建筑用电量的估计终端使用份额

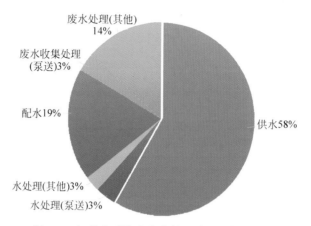

图 2.3 加州水系统中电力的预计最终使用份额

资料来源：LBNL 使用来自加州公共政策研究所的"2016 年加州水资源"的数据进行
估算；Navigant(2006 年)；Pabi S. .et al.(2013 年)

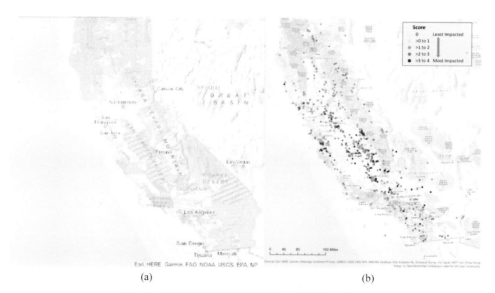

图 2.4 地下水污染率(a)和低收入及落后地区(b)

资料来源：Balazs et al.(2021 年)(a)；加利福尼亚州空气资源委员会(b),https://www.arb.ca.gov/cc/
capandtrade/auctionproceeds/communityinvestments.htm.

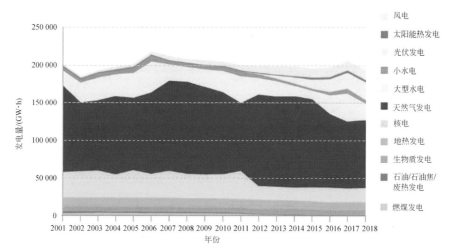

图 3.1　按燃料类型划分的加州州内发电量

资料来源：CEC,2019 年综合能源政策最终报告

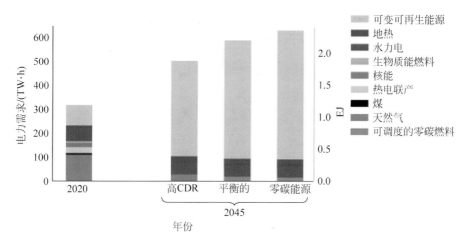

图 3.2　2020 年加州发电量和 2045 年零碳情景

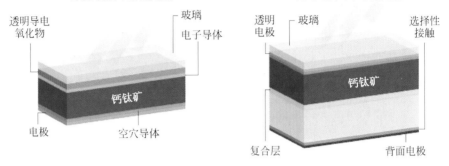

薄膜钙钛矿太阳能电池　　　　　　　　　钙钛矿硅串联太阳能电池

图 3.3　钙钛矿太阳能电池

资料来源：美国能源部

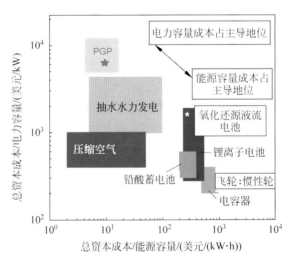

图 4.1　按容量划分的储能技术资本成本

资料来源：Dowling，et al.（2020 年）

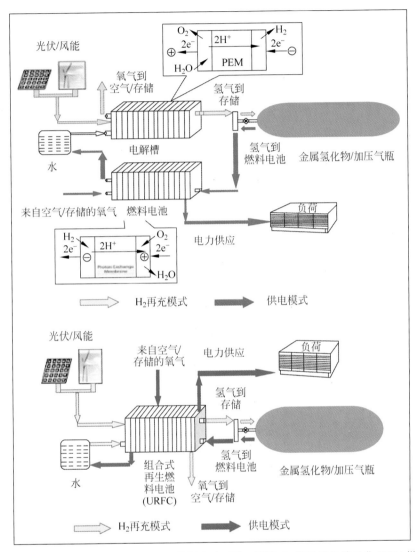

图 4.2　带存储的离散可逆 PEM 燃料电池系统(顶部)和带存储的单元化 PEM 燃料系统(底部)示意图

资料来源：Paul and Andrews(2017 年)

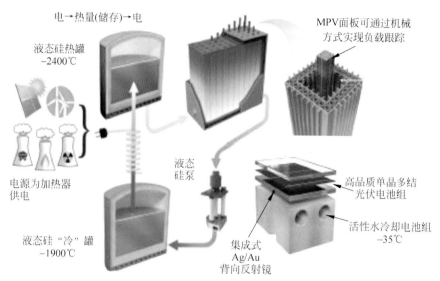

电→热量(储存)→电

液态硅热罐
−2400℃

MPV面板可通过机械
方式实现负载跟踪

电源为加热器
供电

液态
硅泵

高品质单晶多结
光伏电池组

活性水冷却电池组
−35℃

液态硅"冷"罐
−1900℃

集成式
Ag/Au
背向反射镜

图 4.3 使用多结光伏的热能电网存储

资料来源：Amy，et al.（2019 年）

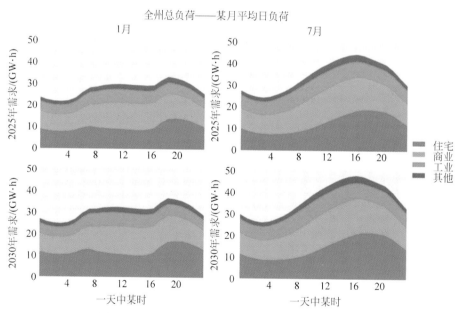

全州总负荷——某月平均日负荷

图 5.1 2025 年和 2030 年预计加州全州每日总负荷

资料来源：Gerke，et al.（2020 年）

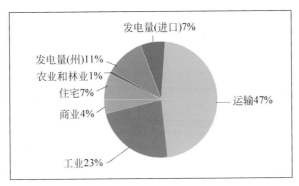

图 6.1　2018 年加州二氧化碳排放量（按行业）

资料来源：加州空气资源委员会温室气体清单

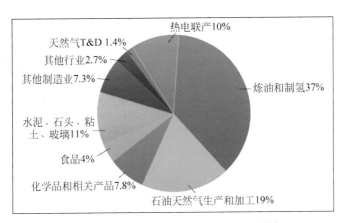

图 6.2　2018 年加州工业二氧化碳排放份额

包括工艺相关排放，但不包括购电的间接排放

资料来源：加州空气资源委员会温室气体清单